产教融合背景下大学生视频创作技能培养模式研究

黄 鹏 著

河北大学出版社
· 保定 ·

出 版 人：马　力
责任编辑：张　磊
装帧设计：王占梅
责任校对：刘景坤
责任印制：常　凯

CHANJIAO RONGHE BEIJING XIA DAXUESHENG SHIPIN
CHUANGZUO JINENG PEIYANG MOSHI YANJIU

图书在版编目（CIP）数据

产教融合背景下大学生视频创作技能培养模式研究 / 黄鹏著. -- 保定：河北大学出版社，2025. 6. -- ISBN 978-7-5666-2672-1

Ⅰ. TN948.4

中国国家版本馆CIP数据核字第2025EE9861号

出版发行：河北大学出版社
地址：河北省保定市七一东路2666号　邮编：071000
电话：0312-5073003　0312-5073029
网址：www.hbdxcbs.com
邮箱：hbdxcbs@163.com
经　　销：全国新华书店
印　　刷：涿州市般润文化传播有限公司
幅面尺寸：170 mm × 240 mm
字　　数：200 千字
印　　张：12.75
版　　次：2025 年 6 月第 1 版
印　　次：2025 年 6 月第 1 次印刷
书　　号：ISBN 978-7-5666-2672-1
定　　价：68.00 元

前　　言

在全球新一轮科技革命和产业变革交织的当下，新业态、新模式、新技术层出不穷，各行业对人才的需求发生了深刻变化，对高职人才的培养也提出了更高的要求。高职教育肩负着为各行各业培养高素质技术技能人才的重任，是推动产业发展与创新的关键力量。为了能让高职教育与国家战略同频共振，为产业升级输送适配人才，高职人才培养模式的改革与创新，已经成为一项关乎国运的重要课题。

在科技革命和产业变革的浪潮之下，视频创作行业正经历着前所未有的变革：无人机的广泛应用，为拍摄开拓了全新视角；虚拟拍摄技术的出现，使视频创作脱离了真实场景的限制；人工智能技术的快速兴起，改变了视频内容创作的模式。行业的变革呼唤着教育的改革，视频创作技能培养模式的改革已经刻不容缓。

产教融合战略是国家推动职业教育高质量发展的重要举措，旨在通过教育与产业的深度融合，实现教育链、产业链、人才链、创新链的有机衔接。国家高度重视产教融合，将其作为推动教育改革、服务国家战略的重要举措。国家对产教融合的系统布局和高位推进，也为视频创作专业教育模式的变革指明了方向。

本书以产教融合战略为背景，深入研究了大学生视频创作技能培养模式改革的相关问题。在产业需求方面，本书梳理了相关产业、行业对视频人才的具体需求，旨在为高职院校调整专业设置和课程体系提供依据。在专业建设方面，本书阐述了产教融合背景下视频创作技能培养的目标设定，提出了以产业需求调整课程体系的具体思路。在教学实施方面，本书介绍了适合高职视频创作类课程的教学方法，并就视频创作类课程的教学评估问题给出了具体建议，以供承担视频创作类课程教学工作的教师同人参考。

本书在撰写过程中得到了多位专家、学者和企业界人士的支持和帮助，在此衷心致谢！对于书中可能存在的不足之处，真诚希望读者提出宝贵意见。希望本书能引起更多人对大学生视频创作技能培养的关注，为视频产业培养更多优秀的专业人才。

作者

目　　录

1　研究背景：产教融合战略

近年来，全球科技革命与产业变革的步伐显著加快，而我国也正处于构建双循环新发展格局的关键时期，这些因素共同促使产教融合战略的重要性日益提升。国家对职业教育的重视程度前所未有，一系列相关政策相继出台，旨在深化产教融合，积极应对经济转型过程中的人才转型挑战。产教融合不仅实现了教育链、人才链与产业链、创新链之间的无缝对接，也为缓解就业难问题提供了新的解决方案。当前，产教融合战略正在不断地创新和完善，探索出了多种多元化、开放性的合作模式，并始终以培养跨领域、复合型的国际化人才为目标，进一步提升了我国在全球产业链和供应链中的竞争力，为经济社会的高质量发展注入了强劲动力。

1.1　产教融合的基本内涵

产教融合作为一个复杂的系统性概念，其内涵和外延随着时代发展而不断丰富和拓展。从最初的校企合作到如今的多元主体协同，产教融合的内涵经历了由浅入深、由窄到宽的演进过程。

早期的产教融合主要聚焦于职业教育领域，强调学校与企业的对接。例如，有学者将产教融合定义为“产业与教育相互融合、相互促进的一种新型教育模式，是职业教育与产业、企业在人才培养、技术创新、就业创业、社会服务、文化传承等方面的全方位对接”。① 这一定义突出了产教融合的对接属性，将其视为一种教育模式。

然而，随着实践的深入，学界逐渐认识到产教融合不仅仅是一种模式，更是一种发展战略和制度安排。正如有研究指出：“产教融合是国家推动教育改革和经济社会协调发展的重大战略，是推动人才培养供给侧和产业需求侧结构要素全方位融合的制度安排。”② 这一定义将产教融合上升到国家战略层面，强调了其制度性和全局性。

近年来，随着数字经济的蓬勃发展，产教融合的内涵进一步拓展。有学者提出：“产教融合是以培养高素质技术技能人才为目标，以校企合作为基本途径，通过教育链、人才链与产业链、创新链有机衔接，推动教育和产业体系人才、智力、技术、资本、管理等要素集聚融合、优势互补、资源共享，实现产业发展与人才培养良性互动的一种新型教育生态。”③ 这一定义体现了产教融合在新时代的特征，强调了人才培养目标、校企合作途径，以及多要素融合的生态系统观。

基于对现有研究的梳理和思考，本书对产教融合的定义表述如下：产教融合是一种以培养创新型技术技能人才为核心目标，以数字技术为支撑，通过教育链、人才链与产业链、创新链的多维度深度交织，形成政府、学校、企业和社会组织等多元主体协同共生的教育生态系统。这一系统通过要素资源的双向流动、知识创新的协同共享、利益机制的动态平衡，实现人才培养与产业需求的精准对接，推动教育质量提升与产业转型升级的良性互动，最终服务于经济社会的高质量发展。这一定义试图从以下几个方面拓展产教融合的内涵。

第一，明确了产教融合的核心目标是培养创新型技术技能人才，强调了

① 周详、王小梅、刘植萌：《中国职业教育的研究进展与热点分析——2023 年全国高校职业教育科研论文统计分析》，《中国高教研究》，2024 年第 7 期。

② 张妮、王艳、黄柳萍：《产教融合背景下职业教育混合式“金课”建设研究——基于教育生态学的视角》，《职业技术教育》，2024 年第 2 期。

③ 冉云芳、周芷莹、潘逸：《职业教育产教融合型企业的研究回顾与展望》，《教育与职业》，2024 年第 8 期。

创新能力的重要性。

第二，突出了数字技术在产教融合中的支撑作用，体现了时代特征。

第三，强调了教育链、人才链与产业链、创新链的多维度深度交织，而非简单地对接。

第四，将产教融合视为一个包含多元主体的教育生态系统，体现了系统性思维。

第五，强调了要素资源流动、知识创新和利益机制等3个关键方面的动态平衡。

第六，指出产教融合不仅服务于人才培养，还应推动教育质量提升与产业转型升级。

第七，将产教融合的最终目标定位于服务经济社会的高质量发展，体现了宏观战略视角。

需要补充说明的一点是，以专业为基本载体的高等教育均需指向就业，这决定了各类高等教育均无法割裂与产业的关系，需要不同程度地融入产业。在普通高等教育领域，常用的提法是产学研一体，而在职业教育领域，最为主流的表述就是产教融合。因此，本书中所阐述的产教融合特指产业与职业教育的融合。

1.2 产教融合的现实意义

1.2.1 应对技术革命和产业变革的必然选择

技术革命和产业变革正深刻重塑着全球经济格局，产教融合战略成为应对这一变化的必然选择。在全球科技竞争加剧的背景下，产业升级对人才素质和技能水平提出了更高要求，传统的教育与产业分离模式已难以满足市场需求。产教融合通过将教育链、人才链与产业链、创新链有机结合，能够培养出适应新技术、新产业需求的高素质人才，为产业升级提供智力支持。同时，这种融合模式还能加速科技成果的转化与应用，推动新兴产业崛起，助力传统产业的数字化、智能化转型。

1.2.2 推动经济高质量发展的强大动力

产教融合是推动经济高质量发展的强大动力。通过深化校企合作，企业可以深度参与教育过程，培养出更符合市场需求的人才。这种模式不仅提高了人才培养的精准度，还通过优化资源配置，提升了全要素生产率，为经济高质量发展注入新活力。此外，产教融合还能促进中小微企业的发展，通过搭建产教融合平台载体，为这些企业提供技术支持和人才保障，推动区域经济的协调发展。

1.2.3 应对国际竞争的新策略

在国际竞争中，产教融合是应对新挑战的重要策略。随着全球科技竞争的加剧，各国纷纷加大对教育和产业融合的投入，以提升自身在全球产业链中的地位。通过产教融合，我国能够在新兴技术领域培养出大量创新型人才，提升在全球分工中的竞争力。同时，这种模式还能帮助企业更好地掌握前沿技术，增强其在国际市场中的核心竞争力。

1.2.4 应对社会就业问题的有效途径

当前，结构性就业矛盾突出，“有人没活儿干，有活儿没人干”的现象依然存在。产教融合通过优化教育供给，调整学科专业设置，使人才培养与市场需求精准对接，从而有效缓解这一矛盾。此外，产教融合还推动了职业教育的发展，培养出更多适应市场需求的技能型人才，为劳动者提供了更多的就业机会，提升了就业质量和工作稳定性。

1.2.5 推动教育公平和社会和谐的重要手段

在推动教育公平和社会和谐方面，产教融合同样发挥着重要作用。通过优化职业教育供给结构，调整学科专业布局，产教融合能够缩小城乡、区域之间的教育差距。同时，这种模式还能为弱势群体提供更多的受教育和就业机会，促进社会的公平与和谐。例如，通过产教融合，农村地区的学生可以享受更优质的教育资源，进而提升其就业能力，实现个人价值，推动乡村振兴。

1.3 产教融合的理论基础

在深入探讨产教融合的实践路径之前，我们有必要先追溯产教融合的学理渊源，以便为后续的实践探索提供坚实的理论支撑。本书遴选了 9 个与产教融合相关的重要教育理论，以期帮助读者构建起更为全面的产教融合理论框架。

1.3.1 人力资本理论

人力资本理论是由美国经济学家西奥多·舒尔茨于 1960 年提出的。该理论认为，人力资本是指通过对人力资源的投资而体现在劳动者身上的由知识、技能和体力所构成的资本。教育、培训等是人力资本投资的主要形式，这种投资可以提高人力资本的质量和生产力。人力资本在经济增长中的作用大于物质资本。正如西奥多·舒尔茨所指出的，“教育和培训是提高个人生产能力的重要手段，这种投资不仅有助于个人发展，也对整体经济增长至关重要”。

人力资本理论认为，教育和培训是提高人力资本质量的关键投资。教育投资可以带来长期的经济回报，知识和技能在经济增长中发挥着不可替代的重要作用。这些理念与产教融合强调教育与产业相结合的理念高度契合。

1.3.2 三螺旋理论

三螺旋理论是由荷兰学者亨利·埃茨科维茨和荷兰学者洛伊特·莱德斯多夫于 20 世纪 90 年代提出的。该理论描述了大学、产业和政府之间的创新互动关系，强调了 3 个主体之间的协同作用，以促进知识创新和技术转移。

亨利·埃茨科维茨和洛伊特·莱德斯多夫认为，在知识经济时代，大学、产业和政府这3个机构之间的互动日益密切，形成了一种螺旋式上升的创新模式。正如他们所指出的，“三螺旋模型描述了一个动态的创新系统，其中大学、产业和政府作为相对独立但又相互依存的机构，通过持续的互动和协作，共同推动知识的创造、传播和应用”。

三螺旋理论与产教融合的联系主要表现在以下几个方面。

首先，该理论强调大学在创新过程中的核心作用，这与产教融合中强调教育机构参与实际生产和创新的理念相符。其次，三螺旋模型强调产学研合作的重要性，这正是产教融合的核心内容之一。再次，该理论提出的大学、产业和政府之间的协同创新机制，为产教融合提供了理论支撑和实践指导。最后，该理论强调知识流动和技术转移，这与产教融合致力于促进教育资源与产业需求对接的目标高度一致。

1.3.3 情境学习理论

情境学习理论是由美国加利福尼亚大学伯克利分校琼·莱夫教授和独立研究者艾蒂纳·温格于1990年前后提出的。该理论认为，学习是一个社会性的过程，知识在这个过程中是由大家共同建构的，并且总是处于一个特定的情境中。琼·莱夫和艾蒂纳·温格在其1991年出版的《情境学习：合法的边缘参与》一书中提出了3个核心概念，即实践共同体、合法的边缘参与和学徒制。

情境学习理论与产教融合的联系主要表现在以下几个方面。

首先，该理论强调学习应该发生在真实的社会环境中，这与产教融合强调将教育与实际生产环境相结合的理念相符。其次，该理论提出的“实践共同体”概念，为产教融合中的校企合作提供了理论基础，支持学生通过参与企业实际工作来学习。再次，“合法的边缘参与”概念为产教融合中学生逐步融入企业环境提供了理论支持。最后，该理论强调的学徒制学习方式与产教融合中的企业导师制度和实习实训模式高度契合。因此，情境学习理论为产教融合的实施提供了重要的理论指导和实践启示。

1.3.4 双元制职业教育理论

双元制职业教育理论最早起源于德国，其概念在20世纪70年代正式出现在官方文件中。该理论的核心是将职业教育分别安排在两个场所进行，即职业学校和企业工厂。学生在这两个不同的教学场所中扮演着不同的角色，在学校中作为学生偏重理论学习，在企业中作为学徒偏重实践操作。

双元制职业教育理论与产教融合的联系主要表现在以下几个方面。

首先，该理论强调企业和学校共同承担育人任务，这与产教融合的核心理念高度一致。其次，双元制模式下学生同时具有学校学生和企业学徒的双重身份，这为产教融合中的校企合作提供了实践模板。再次，双元制强调理论学习与实践操作的紧密结合，这正是产教融合追求的目标。最后，双元制模式下学生在完成学习后可以获得学校颁发的毕业证书和职业教育主管部门发放的职业资格证书，这种双证书制度为产教融合中的人才培养质量评价提供了参考。

1.3.5 创新生态系统理论

创新生态系统理论最早由美国学者詹姆斯·摩尔于1993年提出，该理论将创新过程比喻为一个生态系统，强调创新主体之间的相互依存和共同演化。詹姆斯·摩尔认为，创新生态系统包括企业、供应商、客户、竞争对手、政府机构、教育和研究机构等多个参与者，这些参与者通过复杂的相互作用和反馈机制共同推动创新。

创新生态系统理论与产教融合的联系主要表现在以下几个方面。

首先，该理论强调创新主体之间的协同整合，这与产教融合强调教育机构和产业界的深度合作相契合。在创新生态系统中，高校、企业和政府等主体不再是孤立的个体，而是相互依存、共同演化的有机整体，这为产教融合提供了系统性思维。其次，该理论强调知识流动和价值共创，这与产教融合致力于促进教育资源与产业需求对接的目标高度一致。在创新生态系统中，知识和技术可以更加自由地在不同主体间流动，促进了产学研深度融合。再次，该理论强调创新环境的重要性，为产教融合中政府、高校和企业的协同创新提供了理论支撑。该理论指出，创新不仅依赖于单个组织的能力，更依赖于整个生态系统的健康发展，这为构建有利于产教融合的政策和制度环境提供了指导。最后，该理论强调系统的开放性和动态演化特征，这为产教融合的持续深化和优化提供了理论指导。该理论提醒我们，产教融合不是一蹴而就的，而是需要不断适应环境变化、进行自我调整和优化的动态过程。

1.3.6 资源依赖理论

资源依赖理论是由美国学者杰弗里·普费弗和杰拉尔德·萨兰奇克于1978年在其著作《组织的外部控制》中正式提出的。该理论认为，组织的生存和发展依赖于从外部环境中获取关键资源的能力，而这种依赖关系影响了组织的行为和决策。该理论强调，组织并非封闭的系统，而是与外部环境持续互动的开放系统。

资源依赖理论与产教融合的联系主要表现在以下几个方面。

首先，该理论强调组织需要与外部环境进行资源交换，这与产教融合中教育机构和企业之间的资源共享和互补相契合。在产教融合的背景下，教育机构需要企业提供实践场所、最新技术和行业信息等资源，而企业则需要教育机构提供人才、研究成果和创新能力等资源。这种相互依赖的关系正是资源依赖理论所描述的核心内容。其次，该理论认为组织会采取策略来减少对外部资源的依赖，这为产教融合中的校企合作提供了理论基础，解释了为什么教育机构和企业会寻求合作以获取所需资源。例如，通过建立长期稳定的合作关系，双方可以降低资源获取的不确定性，提高资源利用的效率。再次，该理论强调组织间的权力关系，这有助于理解产教融合中各方的角色和影响力。在产教融合过程中，拥有关键资源的一方往往具有更大的话语权和决策权，这种对权力关系的认识有助于建立更加平衡和互利的合作机制。最后，该理论提出的组织应对环境不确定性的策略，如多元化资源获取、建立稳定合作关系、参与行业联盟等，为产教融合的实施提供了实践指导。这些策略可以帮助教育机构和企业在复杂多变的环境中更好地开展合作，实现资源的优化配置。

1.3.7 协同理论

协同理论是由德国物理学家赫尔曼·哈肯于20世纪70年代提出的一种跨学科的理论框架。该理论主要研究系统中各要素之间的协同作用及其对系统整体功能的影响。在教育领域，该理论强调教育系统内部和外部各要素的互动与合作，推动教育资源的整合与共享，促进教育质量和效益的提升。

协同理论与产教融合的联系主要表现在以下几个方面。

首先，该理论强调系统整体功能大于各部分功能之和，这与产教融合中教育机构和企业协同合作、实现资源整合的理念相契合。在产教融合中，学校和企业通过合作实现资源共享，学校提供教学资源和科研成果，企业提供实践资源和技术支持，双方优势互补，从而提升教育质量和产业竞争力。其次，该理论强调信息互通的重要性，这为在产教融合中建立有效的信息交流机制提供了理论基础。通过定期召开校企合作交流会、设立专门的信息联络员等方式，学校和企业可以及时了解对方的需求和动态，调整教学内容和培训方案，提高人才培养的针对性和实效性。再次，该理论支持联合培养模式，这与产教融合中的校企联合培养计划相呼应。通过设计并实施校企联合培养计划，使学生在校期间既可以接受理论知识的学习，又可以进行实践技能的训练，从而培养出更符合市场需求的人才。最后，该理论强调政策支持与激励机制的重要性，这为产教融合中政府的角色提供了理论指导。政府应出台相关政策，支持和鼓励校企合作，通过提供财政支持、税收减免等方式，激励企业积极参与产教融合。

1.3.8 做中学理论

做中学理论是由美国哲学家和教育家约翰·杜威于20世纪初提出的。该理论强调学习是一个主动的、经验性的过程，而不是被动接收信息的过程。约翰·杜威认为：真正的学习发生在学生通过直接体验和反思来构建知识的过程中；学习是一个社会性的过程，通过与他人互动，学习者可以获得不同的观点，丰富自己的理解；教育应该以问题的解决为导向，围绕真实世界的问题展开，让学生通过解决问题来学习知识和技能；在该理论中，教师不再是知识的传授者，而是学习的引导者和促进者。

做中学理论与产教融合的联系主要表现在以下几个方面。

首先，该理论强调学习应该发生在真实的社会环境中，这与产教融合强调将教育与实际生产环境相结合的理念高度一致。在产教融合中，学生可以通过参与企业实际项目或实习来获得直接经验，从而深化对理论知识的理解。其次，该理论强调反思在学习过程中的重要性，这为产教融合中的实践教学提供了理论指导。通过在实践过程中进行反思，学生可以将经验转化为知识，提高学习效果。再次，该理论提倡学习应该是一个社会性的过程，这与产教融合中强调校企合作、团队协作的理念相符。通过与企业员工、同学和教师的互动，学生可以在社会环境中学习和成长。最后，该理论强调学习应该与学生的兴趣和需求相结合，这为产教融合中的个性化人才培养提供了理论支持。通过让学生参与真实的工作项目，可以激发他们的学习兴趣，提高学习积极性。

1.3.9 产学合作理论

产学合作理论最早可以追溯到 20 世纪初，由美国辛辛那提大学的赫尔曼·施奈德教授提出。该理论强调将理论知识学习、职业技能培养和实际工作经验相结合，旨在让学生在复杂多变的世界中更好地生存和发展。该理论的核心内容包括：理论与实践相结合，学生在学校学习理论知识的同时，也要在企业中获得实际工作经验；学校与企业协同育人，学校和企业共同参与人才的培养过程，共同制定培养方案和课程设置；各主体通过合作实现互利共赢；采用工学交替、顶岗实习等灵活的教学模式，使学习过程更加贴近实际需求。

产学合作理论与产教融合的联系主要表现在以下几个方面。

首先，该理论为产教融合提供了基本的思想框架，强调教育与产业的紧密结合。其次，该理论中的工学交替模式为产教融合的具体实施提供了可行的方案。再次，该理论强调的校企共同育人理念为产教融合中的人才培养模式改革提供了理论支撑。最后，该理论中互利共赢的思想为产教融合中各方利益的协调提供了指导。该理论可以被视为产教融合的重要理论基础之一，为产教融合的深入推进提供了宝贵的理论指导。

1.4 产教融合的成功实践

在上文厘清了产教融合所依托的基础理论后，下面我们将目光投向全球范围内产教融合的成功实践。在借鉴国际经验的同时，我们还需结合本土的实际情况，探索出适合我国国情的产教融合路径。

1.4.1 德国的双元制教育模式

德国的双元制教育模式是一种结合了企业实习与职业学校教育的培训体系，旨在为学徒提供全面的职业技能和理论知识，“双重学习场所、法律框架、社会伙伴共识和标准化职业资格”是该模式的主要特征。该模式提高了学徒的就业能力，降低了青年的失业率，使得德国在国际职业教育领域获得了较高的声誉，因此已成为全球职业教育的典范。1969 年，德国颁布了《职业培训法》，将双元制教育模式通过法律的形式加以确认，确保了培训内容和标准的一致性，但同时也允许执行者根据行业发展需求进行适当调整，以保持教育内容的前瞻性和适应性。

1.4.2 美国的职业教育与培训体系

美国的职业教育与培训体系是一个旨在为学生提供职业技能和学术知识的综合性教育模式。该体系的主要特点包括：覆盖范围广泛，涵盖了从中学到高等教育的多个阶段，为学生提供职业和非职业准备；课程以职业集群的形式进行组织，每个集群下还设有多个职业路径，以便于教育项目的设计和资源的有效利用；强调将学术知识与实际工作技能相结合，通过实习、学徒制等方式丰富学生的实践经验；提供多样化的学习选择，包括社区学院项目和行业认证等；以服务就业为核心目标，以行业认可的证书为关键衡量标准。

该体系的成功经验为我国职业教育推进产教融合战略提供了诸多启示。

首先，企业应深度参与职业教育，与教育机构共同设计课程并提供实习机会，从而确保教育内容与市场需求精准对接。其次，我国应设计多样化的学习路径和证书体系，以满足不同学生的需求，增强职业教育的灵活性。再次，在传授专业技能的过程中，应加强学生的学术能力和软技能培养，以提升其长期职业发展潜力。最后，要建立以就业能力和行业认可为导向的评估标准，以进一步提高职业教育质量评估体系的科学性。

1.4.3 澳大利亚的职业教育与培训系统

澳大利亚的职业教育与培训系统是一个旨在为学生提供职业技能和知识的综合性教育模式。根据澳大利亚技能质量局的定义，该系统是一个基于能力的系统，旨在为广泛的技能工作和职业提供特定于工作场所的技能和知识。

该系统对我国产教融合战略的启示主要表现在以下几个方面。

首先，该系统的覆盖范围非常广泛，多层次的教育体系能够满足不同学生的需求，无论是希望直接就业还是进一步深造的学生都能在该系统中找到适合自己的课程。其次，该系统提供了灵活多样的学习模式，包括全日制、非全日制、在线教育、远程教育、学徒制和实习等多种方式。这种多样化的学习选择能够适应不同学生的时间安排和学习偏好，使更多人能够参与到职业教育中。再次，该系统强调基于能力的培训，注重学生在实际工作环境中展示所学技能的能力，而不仅仅是理论知识的掌握。这种以能力为导向的教学模式有助于学生更好地适应职场需求，提高其就业竞争力。又次，该系统中的所有课程都与澳大利亚的资格框架相对应，确保资格的全国认可。这种统一的资格框架为学生的职业发展提供了明确的路径，同时也增强了职业教育的权威性和可信度。最后，该系统高度重视产业参与。行业机构和雇主深度参与制定培训政策和优先事项，确保课程内容能够为劳动力市场提供所需技能。这种紧密的产业联系使职业教育能够更好地满足市场需求，从而培养出符合行业标准的专业人才。

1.4.4 日本的企业主导型学徒制

日本的企业主导型学徒制是一种独特的职业教育和培训模式，旨在培养高技能工人和传承传统工艺。根据日本劳动政策研究研修机构的表述，“日本的学徒制是一种基于企业的培训系统，强调在实际工作环境中通过实践学习来获得技能和知识”。

该学徒制的主要特点包括：注重长期培养，学徒期通常较长，甚至可能持续数年甚至十年以上，这种长期的培训模式确保学徒能够全面掌握技能，从基础到高级，逐步成长为技术熟练的工人，这种深度培养方式不仅提升了学徒的技能水平，还为学徒的职业发展奠定了坚实基础；强调实践导向，学徒通过在实际工作环境中观察、模仿和实践来掌握技能，这种学习方式使他们能够快速适应工作场景，提升动手能力和解决实际问题的能力；师徒关系在日本学徒制中占据重要地位，学徒与师傅之间建立密切的师徒关系，师傅不仅传授技能，还负责培养学徒的职业道德和工作态度，这种师徒传承模式不仅传授了技术，还传承了企业文化和社会价值观，增强了学徒的职业认同感；日本的学徒制注重全面发展，除了专业技能外，还强调培养学徒的品格、礼仪和文化素养，这种全面发展的教育理念使学徒不仅成为技术能手，更成为具备综合素质的劳动者，能够更好地适应社会和企业的需求；企业主导是日本学徒制的核心特征，培训内容和方式主要由企业根据自身需求和标准制定，这使得培训能够精准对接企业需求，培养出符合企业要求的高技能人才，这种企业主导的模式不仅提高了培训的针对性，还增强了企业对人才的掌控力。

该学徒制为我国职业教育推进产教融合战略提供了重要启示。

首先，应重视技能传承，加强对非物质文化遗产技艺的保护和传承，确保这些宝贵技艺得以延续。其次，应强化实践教学，增加学生在实际工作环境中的实践时间，增强其动手能力和解决实际问题的能力。再次，将职业道德和工作态度的培养纳入职业教育体系，提升学生的综合素质。又次，建立长期培养机制，设计长期的职业发展路径，鼓励企业对员工进行持续培养和投资。最后，注重师徒关系，引入导师制，促进经验丰富的工匠与学生之间的深入交流和指导，提升职业教育的质量和效果。

1.4.5 法国的学徒制模式

法国的学徒制模式是一种结合理论学习和实践培训的职业教育体系。根据法国就业部门的定义，“学徒制是一种基于企业的培训系统，强调在实际工作环境中通过实践学习来获得技能和知识”。

该模式的主要特点包括：法国学徒制采用双重培训体系，学徒在企业接受实践培训的同时，也在职业培训中心接受理论教育，这种模式确保了学徒在实践中巩固理论知识，同时在课堂上提升理论素养；学徒制的覆盖范围广泛，适用于 16 至 29 岁的年轻人，涵盖从中等职业教育到高等教育的多个层次，为不同年龄段和教育背景的学生提供了职业发展的机会；学徒合同期限灵活，通常为 1 至 3 年，具体取决于所获取的资格水平，这种灵活性使得学徒制能够适应不同职业路径的需求；学徒享有工资待遇，薪酬标准根据年龄、学徒年限和所学专业而定，这种薪酬保障机制不仅提高了学徒的学习积极性，也提升了学徒制的吸引力；学徒制的设计和实施由政府、企业、工会和教育机构共同参与，多方合作确保了培训内容与市场需求的紧密结合，同时也为学徒制的可持续发展提供了坚实基础。

该模式为我国职业教育推进产教融合战略提供了有益的启示。

首先，建立健全学徒制相关法律法规，明确各方权责，为产教融合提供法律保障，确保职业教育的规范化和制度化。其次，鼓励企业积极参与职业教育，增强企业对职业教育的投入和支持。再次，建立严格的质量评估体系，确保学徒在企业和学校接受的培训达到统一的标准，提升职业教育的质量和公信力。又次，提高职业教育的社会地位，使学徒制成为一种受欢迎的职业发展途径，改变社会对职业教育的传统认知。最后，加强国际合作，为学生提供海外实习机会，拓宽国际视野，提升职业教育的国际化水平。

1.4.6 新加坡的技能未来计划

新加坡的技能未来计划是一项旨在促进终身学习和技能发展的国家运动。根据新加坡技能发展局的定义，“技能未来计划是一项国家运动，旨在为新加坡人提供终身发展潜能的机会，无论其起点如何”。

该计划的主要特点包括：以全民覆盖为特点，确保不同群体都能获得学习机会；强调终身学习，倡导个人持续提升技能以适应经济环境的快速变化；政府通过该计划学分等方式为个人学习提供财政支持，减轻学习者的经济负担；该计划提供多元化的课程，涵盖从基础技能到高级专业知识的各个层面，满足不同人群的学习需求；该计划鼓励企业参与员工培训，并为中小企业提供特别支持，以增强企业对职业教育的投入和参与度。

该计划对我国职业教育推进产教融合战略的启示主要表现在以下几个方面。

首先，可探索构建覆盖各年龄段、各职业阶段的学习支持体系。其次，应根据产业需求和个人发展需要，设计多元化、有针对性的培训课程，提升职业教育的实用性和适应性。最后，可建立统一的数字化学习和职业发展平台，为学习者提供便捷的学习资源和职业规划服务。

1.5 产教融合的主要模式

近年来，我国的职业教育积极响应国家产教融合的战略部署，深入探索产教融合的新模式、新路径。在这一过程中，不仅积极借鉴国际先进经验，还紧密结合我国职业教育的实际情况，充分考虑地域差异、行业特色，以及企业需求，努力构建具有中国特色的产教融合模式。通过不断的实践探索与创新，一些高职院校已经在人才培养模式、课程体系建设、实训基地打造等方面取得了显著成效，形成了一批可复制、可推广的产教融合典型案例和成功经验，为我国职业教育的高质量发展注入了新的活力。

1.5.1 校企联盟模式

校企联盟模式是产教融合中最常见且基础的一种形式。它通过建立长期的合作关系，将学校的教育资源与企业的实际需求紧密结合。在这种模式下，学校和企业共同制定人才培养方案、课程设置和教学内容，确保学生能够在实践中学习到与企业需求相匹配的知识和技能。此外，校企联盟还可以促进企业与学校在人员交流、资源共享和技术创新等方面的深入合作，形成互利共赢的局面。在具体操作中，校企联盟常常表现为共建实训基地、联合研发中心或产业学院等形式。这些实体机构不仅为学生提供了实践平台，还为企业提供了技术研发和人才储备的支持。

1.5.2 人才培养模式

人才培养模式强调以企业需求为导向，定制化地培养人才。学校根据企业的具体需求，调整课程设置和教学内容，确保学生能够掌握与企业岗位相匹配的专业知识和技能。同时，企业也可以参与到人才培养过程中，通过提供实习岗位、导师指导和职业规划等方式，帮助学生更好地适应企业环境。在人才培养模式中，学校和企业还可以共同开展职业技能培训和认证工作，提高学生的职业素养和竞争力。此外，双方还可以建立人才供需对接机制，确保学校培养的人才能够顺利进入企业就业。

1.5.3 共建实体模式

共建实体模式是产教融合中较为深入的一种形式。它通过建立研发中心、实践基地、产业学院等实体机构，将学校的教育资源与企业的产业资源紧密结合。这些实体机构不仅为学生提供了实践平台，还促进了双方在技术研发、产品创新和市场拓展等方面的深入合作。在共建实体模式中，学校和企业可以共同投入资金、设备和人力资源，形成产学研一体化的合作机制。这种机制有助于加速科技成果的转化和应用，推动产业的升级和创新发展。同时，共建实体模式还可以促进双方在人才培养、技术研发和市场开拓等方面的资源共享和优势互补。

1.5.4 成果转化模式

成果转化模式是产教融合中注重科技创新和成果转化的一种形式。它强调学校将科研成果转化为生产力，推动企业技术进步和产业升级。在这种模式下，学校与企业共同开展科研项目和技术创新活动，形成具有自主知识产权的科技成果。然后通过技术转移、专利授权或产业化等方式，将这些科技成果转化为企业的实际生产力。成果转化模式不仅有助于提升企业的技术水平和市场竞争力，还可以为学校带来科研经费和声誉的提升。同时，这种模式还可以促进企业与学校在科技创新和成果转化方面的深入合作和交流。

1.5.5 其他创新模式

除了以上 4 种主要模式外，产教融合还可以探索其他创新模式。例如，技术开发模式强调学校与企业合作开展技术开发活动，推动企业技术创新和产品升级；科技资源共享模式则注重企业与学校在科技资源方面的共享和优化配置；战略联盟模式则强调学校与企业建立长期稳定的战略合作关系，共同应对市场竞争和技术挑战。近年来，各高职院校探索形成的产教融合模式很多，在此不再逐一介绍。

1.6 产教融合的脉络与趋势

1.6.1 政策源流

产教融合的概念最早可追溯到 20 世纪中期的欧美国家，当时被称为“合作教育”或“工学交替”。在我国，产教融合这一概念首次出现在《教育部关于 2013 年深化教育领域综合改革的意见》（教改［2013］1 号）中。该意见提出要“完善职业教育产教融合制度”，这标志着我国在政策层面上正式引入了“产教融合”这一概念。该政策文件明确了产教融合的重要性，并提出要通过制度创新推动教育链与产业链的深度对接。这一文件的发布为后续一系列政策的出台奠定了基调。

2014 年，国务院发布了《关于加快发展现代职业教育的决定》，这是国家层面对职业教育改革的重大部署。该决定明确提出“产教融合”的要求，强调要加强校企合作，推动职业教育与产业发展的紧密结合。该决定还提出了一系列具体措施，如鼓励企业参与职业教育办学、推动校企共建实训基地等。

2015 年，教育部发布了《高等职业教育创新发展行动计划（2015—2018年）》。该计划进一步细化了产教融合的实施路径，提出了建设产教融合型高校、开展现代学徒制试点、推动校企协同育人等一系列具体任务。这些举措旨在通过制度创新和模式改革，提升职业教育服务产业发展的能力。

2017 年，国务院印发《国务院办公厅关于深化产教融合的若干意见》（国办发〔2017〕95 号）。该意见明确指出，“深化产教融合是当前推进人力资源供给侧结构性改革的迫切要求，对新形势下全面提高教育质量、扩大就业创业、推进经济转型升级、培育经济发展新动能具有重要意义”。该意见还提出了产教融合的总体要求、原则和目标，强调要统筹协调、共同推进，将产教融合作为促进经济社会协调发展的重要举措，融入经济转型升级各环节，贯穿人才开发全过程。这一文件的出台为产教融合战略的发展奠定了制度基础。

2019 年，国务院发布了《国家职业教育改革实施方案》。该方案从国家层面对深化产教融合工作做出全面部署，强调加强校企深度合作，完善和落实“双元”育人机制。该方案还提出了一系列配套措施，如支持企业和社会力量参与举办职业教育、推动职业院校与企业共建共治共享实训基地等。同年，国家发展改革委和教育部联合发布了《国家产教融合建设试点实施方案》。该方案是产教融合政策的重要里程碑。它提出了构建教育和产业统筹融合发展格局的目标，强化企业的重要主体作用，并明确了试点城市和企业的遴选标准及支持政策。该方案的出台标志着我国产教融合进入了全面实施的新阶段。

2020 年，教育部和国家发展改革委联合发布了《职业教育提质培优行动计划（2020—2023 年）》。该计划围绕办好公平有质量、类型特色突出的职业教育，以提质培优、增值赋能为主线，提出了一系列具体任务和措施。该计划强调了产教融合的重要性，并提出了建设高水平职业学校和专业、深化校企合作、提升人才培养质量等具体目标。

2021 年，中共中央办公厅、国务院办公厅联合发布了《关于推动现代职业教育高质量发展的意见》。该意见进一步强调了产教融合的核心地位，提出要构建政府统筹管理、行业企业积极举办、社会力量深度参与的多元办学格局。该意见还明确了一系列支持政策，如财政投入、金融支持、土地政策等，为产教融合的深入推进提供了有力保障。

2022 年，中共中央办公厅、国务院办公厅发布了《关于深化现代职业教育体系建设改革的意见》。该意见进一步强调了产教融合的核心地位，提出构建政府统筹管理、行业企业积极举办、社会力量深度参与的多元办学格局。该意见还明确了一系列支持政策，如财政投入、土地政策、金融支持等。该意见的发布标志着我国产教融合进入了一个新的发展阶段，为职业教育与产业发展的深度融合提供了更加坚实的政策保障。

2023 年，教育部办公厅发布了《关于加快推进现代职业教育体系建设改革重点任务的通知》。该通知进一步明确了产教融合的重点任务和时间表，提出了一系列具体的实施措施和考核指标。该通知要求各地、各校加快构建现代职业教育体系，推动职业教育与产业发展深度融合，提高人才培养质量和适应性。该通知的发布为产教融合的深入推进提供了更加明确的指导和方向，有助于推动各地、各校加快改革步伐，实现职业教育与产业发展的良性互动。

可以看出，我国的产教融合政策在不断演变和完善中逐步形成了较为完整的体系框架。展望未来，我国产教融合政策的走向势必将更加注重实效与创新。随着新技术的不断涌现和产业的不断升级，产教融合政策也将及时调整和优化，以适应新的市场需求和技术趋势。

1.6.2 发展成果

近年来，我国在产教融合方面取得了显著的成绩，这些成绩体现在政策体系的完善、校企合作的深化、人才培养模式的创新、区域协同发展的推进，以及服务国家战略能力的提升等多个方面。

首先，政策体系的不断完善为产教融合提供了坚实的制度保障。近年来，国家从顶层设计出发，出台了一系列重要政策文件，如《关于深化产教融合的若干意见》《职业教育产教融合赋能提升行动实施方案（2023—2025 年）》等，明确了产教融合的发展目标和重点任务。这些政策文件不仅为产教融合提供了制度保障，还推动了教育与产业的协同发展，形成了教育链、产业链、人才链和创新链的有机衔接。同时，国家通过“金融＋财政＋土地＋信用”的政策组合拳，进一步健全了激励政策体系，打消了企业的顾虑，使产教融合从“一头热”变为“两头甜”。

其次，校企合作模式的创新与深化成为产教融合的重要推动力。近年来，职业院校与企业之间的合作不断深化，形成了多元化的合作模式。校企合作的范围从传统的实习实训基地建设，扩展到人才培养方案制定、课程体系开发、师资队伍建设等多个层面。这种深度合作不仅丰富了学校的办学资源，还为学生提供了更贴近实际生产的学习环境，同时也为企业输送了更符合需求的高素质人才，实现了教育与产业的双赢。

再次，人才培养模式的创新为产教融合注入了新的活力。我国在产教融合的过程中，逐步形成了校企协同精准化育人模式，推动了职业教育从知识传授向综合技能水平提升的转变。通过优化专业设置、调整课程体系，学校能够更好地适应市场需求，培养出更具实践能力和创新精神的技术技能人才。这种人才培养模式的创新不仅提高了职业教育的质量和吸引力，也为产业转型升级提供了有力的人才支持。

又次，区域协同发展成为产教融合的重要特征。近年来，我国在产教融合的区域发展方面呈现出不均衡中的积极态势。东部地区在产教融合投入和产出方面表现突出，企业参与度高，合作模式成熟。中部地区通过政策引导和资源整合，逐步提升产教融合的质量和效益。西部地区则通过优化布局和加强政策支持，推动产教融合的快速发展。这种区域差异化的发展策略为全国范围内产教融合的全面推进提供了多样化的经验借鉴。

最后，产教融合在服务国家战略和推动区域经济发展方面发挥了重要作用。通过产教融合，职业院校与企业共同开展技术服务、科技创新等活动，为区域经济发展提供了有力支持。产教融合不仅推动了区域绿色低碳高质量发展，还通过培养高素质技术技能人才，为我国产业转型升级和经济持续发展提供了人才支撑。同时，产教融合也为乡村振兴、新型城镇化等国家战略的实施提供了重要的人才保障和智力支持。

1.6.3 问题与挑战

在探索我国产教融合的深化路径时，我们仍需要面对一系列的现实问题与挑战。

首先，机制构建得不完善。尽管我国已出台了一系列促进产教融合的政策文件，但在实际操作层面，产教融合的政策体系尚未形成闭环，政策间的衔接性和协同性有待加强。同时，缺乏有效的监督和评估机制，导致政策执行效果参差不齐。

其次，教育资源与产业需求不匹配。教育体系的课程设置、教学内容与产业发展趋势脱节，企业对于人才的需求往往超出现有教育体系的供给能力。尽管部分高校已开始尝试与企业共同开发课程，引入企业真实项目作为教学内容，以期缩小教育资源与产业需求之间的差距。然而，这种尝试仍面临诸多困难，如企业参与度不高、课程开发成本高昂等。

再次，产教融合深度不足。很多产教融合的实践尚停留在表面层次，缺乏深度融合，这主要体现在合作形式单一、合作内容浅显、合作期限短暂等方面。浅尝辄止的合作模式不仅无法充分发挥产教融合的潜力，还可能导致资源的浪费和教学效果大打折扣。

又次，产教融合成果转化难。产教融合成果的转化是检验其成效的关键环节。然而，当前我国产教融合成果的转化仍面临成果转化机制不健全、转化渠道不畅通、转化成本高企、知识产权保护机制不完善等诸多困难。

最后，公众对产教融合的认知度不高。这主要体现在公众对于产教融合的理解不足、企业参与度不高等方面。社会认知度的不足不仅制约了产教融合的深入发展，还可能导致其陷入孤岛效应。因此，加强产教融合的宣传和推广，改善公众的认知偏见，也是当前亟待解决的问题之一。

面对产教融合的诸多挑战，需要以系统思维和创新举措加以应对。通过协同推进，推动产教融合从表面走向实质、从局部走向全局，为经济社会高质量发展提供有力支撑。

1.6.4 发展趋势

在国家政策的积极推动下，我国的产教融合工作经过多年探索与实践，已逐步形成了教育与产业协同发展的良好态势。教育领域不断深化教育教学改革，企业界也积极投身于人才培养与技术创新，双方在实践中不断磨合，逐步建立起互利共赢的合作机制。随着产教融合的不断推进，其在促进教育高质量发展、服务产业升级，以及推动经济社会可持续发展等方面展现出巨大潜力，呈现出一系列新的发展趋势。

首先，随着产教融合的深入发展，其模式正从传统的“点对面”（即单个学校与多个企业的合作模式）向“网状融合”（即学校、企业、科研机构、行业协会等多方参与的复杂网络）转变。未来，这一趋势将更加明显，形成一个涵盖教育、科研、产业、政策等多维度的全方位、多层次产教融合生态。

其次，智能技术的高速发展正在驱动我国产教融合的深度变革。通过数据分析，实现教育内容与产业需求的精准对接；利用人工智能技术，提供个性化、自适应的学习体验；通过数字化平台，实现产教融合项目的智能化管理和监控。大数据、云计算、人工智能等智能技术将在产教融合中发挥核心作用。

再次，在全球化的背景下，产教融合的国际化探索成为新趋势。从过去的“引进来”（即引进国外先进的产教融合理念和技术）到现在的“走出去”（即积极参与国际产教融合项目，推广中国经验），我国产教融合的国际化进程正在加速，这不仅有助于引进国外先进的理念和技术，还能推动我国产教融合的国际化发展，提升我国在全球产教融合领域的影响力和话语权。

最后，在创新驱动发展战略的引领下，我国的产教融合正逐步从“跟跑”（即跟随国外先进的产教融合理念和技术）向“领跑”（即创新产教融合理念和技术，引领全球产教融合发展）转变。未来，我国产教融合将通过建立产教融合创新中心等举措，推动产教融合的深度创新和持续发展。

我国的产教融合事业正不断适应时代发展的新要求，展现出强大的生命力与广阔的发展前景。面向未来，我们需要更深入地理解产教融合的内涵与本质，持续创新其模式与方法，推动教育与产业深度融合、协同发展。

2 视频创作产业与行业研究

2.1 产业分布与行业特点

2.1.1 产业分布

我国的产业划分主要遵循《国民经济行业分类》（GB/T 4754—2017）这一国家标准。具体来说，我国的产业被划分为三大类，即第一产业、第二产业和第三产业。第一产业主要指农业、林业、畜牧业、渔业，第二产业包括采矿业、制造业、电力、热力、燃气及水生产和供应业，以及建筑业，而第三产业则是指除第一、第二产业以外的其他行业。

本书在《国民经济行业分类》的基础上，对第三产业加以细化，并增补了近年涌现的新兴产业，形成了较为简明的产业列表。表 2-1 展示了各个产业及其细分行业与视频创作的相关度，并简要介绍了各行业对视频创作的需求。从表 2-1 中可以看出，文化、体育和娱乐业，以及信息传输、软件和信息技术服务业等行业与视频创作的关联度最高，而一些传统行业，如采矿业和水利、环境和公共设施管理业等行业与视频创作的关联度相对较低。随着科技的发展，新兴产业，如人工智能与大数据服务、文化创意与数字内容服务等，也逐渐成为视频创作的重要应用领域。

表 2-1 各个产业及其细分行业与视频创作的相关度

产业类别	细分行业	相关度（满分 10）	行业对视频创作的需求
第一产业	农业	6	农业技术推广、农产品宣传需要视频来展示种植过程和产品优势
	林业	5	林业资源保护、林产品推广可通过视频进行宣传教育
	畜牧业	4	畜牧业养殖技术、动物福利宣传需要借助视频进行传播
	渔业	5	水产品养殖、捕捞过程及海鲜美食制作适合用视频展示
第二产业	采矿业	3	矿业安全教育、开采技术展示可利用视频进行培训
	制造业	7	产品制造过程、功能演示、品牌宣传需大量使用视频素材
	电力、热力、燃气及水生产和供应业	4	能源设施运行、节能减排宣传可用视频进行解说
	建筑业	5	建筑项目展示、施工过程记录、设计理念传达常需视频辅助
第三产业	批发和零售业	6	商品展示、促销活动、品牌形象塑造依赖视频营销
	交通运输、仓储和邮政业	4	物流流程、运输安全、仓储管理可用视频进行监控和宣传
	住宿和餐饮业	7	酒店环境、餐饮服务、旅游体验可通过视频吸引顾客
	信息传输、软件和信息技术服务业	8	互联网产品演示、软件开发教程、网络安全教育均高度依赖视频内容
	金融业	6	金融产品介绍、投资理财教育、企业形象塑造常用视频作为媒介

续表

产业类别	细分行业	相关度(满分10)	行业对视频创作的需求
第三产业	房地产业	7	房产项目展示、购房指南、家居装修灵感多通过视频进行宣传
	租赁和商务服务业	5	租赁服务流程、商务合作案例可用视频进行说明
	科学研究和技术服务业	6	科研成果展示、技术培训、科普教育需要视频支持
	水利、环境和公共设施管理业	4	水资源管理、环保意识提升、公共设施介绍可用视频辅助
	居民服务、修理和其他服务业	4	服务流程演示、技能培训、客户评价收集可用视频记录
	教育	9	在线教育、课程录制、校园生活展示均需大量使用视频资源
	卫生和社会工作	6	健康知识普及、医疗服务介绍、社会工作案例需分享常用视频
	文化、体育和娱乐业	10	影视制作、音乐舞蹈、体育赛事直播几乎完全依赖于视频技术
	公共管理、社会保障和社会组织	4	政策宣传、公共服务指南、社会组织活动可用视频进行传播
部分新兴的第三产业	人工智能与大数据服务	8	人工智能技术演示、数据分析过程、云计算服务介绍需视频支持
	新能源与环保服务	6	可再生能源项目展示、环保技术应用、绿色生活倡导需视频支持
	生物医药与健康服务	7	医疗技术讲解、健康管理方案、医药产品研发过程需视频辅助
	文化创意与数字内容服务	10	数字媒体制作、动漫游戏开发、在线教育内容创作高度依赖视频技术
	共享经济与平台经济	5	共享服务流程、用户体验分享、平台运营模式介绍可用视频进行说明
	金融科技与区块链服务	7	移动支付演示、互联网金融产品介绍、区块链技术讲解需视频支持

由表 2-1 可知，尽管视频创作相关行业（如影视制作、数字媒体制作等）仅仅是第三产业中文化、体育和娱乐业和文化创意与数字内容服务等大类下的中小分支，但由于视频在现代传播中具有难以替代的优势，因此应成为三大产业中各个细分行业所必需的一项技术。因此，视频创作人才的培养不应将目光局限于第三产业中少数与视频创作高度关联的分支行业，而应放眼三大产业，为各行各业培养不同层次的视频创作人才。简言之，本书所探讨的产教融合是“大产业观”视野下的产教融合。

2.1.2 主体细分

前文所述是各个产业及其细分行业对视频创作的需求，涉及国民经济的方方面面，难免零细。其实不妨简化问题，将林林总总的细分行业归为两类。第一类是以视频创作为主业的行业，如前文中提到的影视制作、数字媒体制作等行业，本书借鉴业内较为通行的术语，用“OGC”表示此类行业。第二类是不以视频创作为主业，仅以视频为工具赋能主业发展的行业，前文表格中三大产业中的多数细分行业均属此类，本书用“BGC”表示此类行业。此外，当今时代，自媒体平台赋能下的个体已成为视频内容生产的重要力量，根据能力强弱与影响力大小，可将此类个体分为 PGC 和 UGC。如此一来，产业领域的 OGC、BGC 与个人领域的 PGC、UGC，就构成了视频内容生产的 4 类主体。表 2-2 是对 4 类主体的简要介绍。

表 2-2 视频内容制作的 4 类主体

中文及英文全称	英文简称	主要主体	主要目的和诉求	内容倾向和内容特点	人员结构
原创生成内容（Original Generated Content）	OGC	广告公司、MCN 机构、影视制作公司、传统媒体等	为客户提供专业的影视制作服务，追求高质量、高影响力的作品，以获取商业利润和行业声誉	内容专业、制作精良，注重故事性、艺术性和技术性，风格多样，能够满足不同客户的需求	通常拥有专业的团队，包括导演、编剧、摄影师、剪辑师、美术指导、演员等，分工明确，协作紧密
品牌生成内容（Brand Generated Content）	BGC	企业	围绕自身产品进行宣传推广，提升品牌形象和产品销量，增强品牌与用户之间的互动和黏性	内容以产品展示、品牌故事、用户评价、使用教程等为主，强调产品的特点和优势，风格偏向商业和营销，注重实用性和说服力	人员结构较为多样，除了专业的视频创作人员外，还包括市场营销人员、产品经理、品牌经理等，他们共同协作，确保内容与品牌战略和市场需求相契合
专业生成内容（Professionally Generated Content）	PGC	自媒体、达人等	通过创作优质内容吸引粉丝关注，实现流量变现、广告合作、带货等商业价值，树立个人品牌，提升个人影响力	内容涵盖各种领域，如美食、旅游、时尚、科技、娱乐等，具有较强的个性化和专业性，风格独特，能够满足不同用户的兴趣和需求	人员结构相对灵活，核心成员通常是内容创作者，如自媒体人、达人等，他们可能具备多种技能，如拍摄、剪辑、写作、主持等，同时也会根据需要配备一些辅助人员，如摄影师、剪辑师、运营人员等
用户生成内容（User Generated Content）	UGC	普通用户	个人表达、分享生活、交流互动、娱乐消遣等，部分用户也希望通过优质内容获得关注和认可	内容以日常生活记录、趣味分享、情感表达等为主，形式多样，如短视频、直播、Vlog 等，风格自然、真实、接地气，能够引发用户的共鸣和互动	人员结构较为简单，主要是普通用户本人，他们使用手机等设备进行拍摄和制作，部分用户可能会邀请朋友或家人参与拍摄，但整体上没有专业的团队分工

2.1.2.1　OGC

OGC 是视频创作领域中的专业力量，以广告公司、影视制作公司、MCN 机构和传统媒体为代表。这类主体的核心竞争力在于其专业性与资源的丰富性。它们通常拥有成熟的制作流程和顶尖的创意团队，能够从策划、拍摄到后期制作，全方位把控内容质量。

OGC 类影视制作公司的岗位体系成熟且专业细分体系健全，涵盖了从创意策划到后期制作的全流程岗位。这种高度专业化和分工明确的岗位体系，为高职视频创作类专业提供了研究行业需求、对标岗位需求的理想范本。高职院校可以通过分析 OGC 的岗位要求，优化课程设置，培养符合行业标准的复合型人才。图 2-1 展示了大型专业影视制作公司的典型岗位设置。

图 2-1　大型专业影视制作公司的岗位结构图

OGC不仅是视频创作行业的中坚力量，更是该行业的领跑者和驱动者。作为行业先锋，OGC不断探索和引领视频创作的新趋势和新标准。无论是技术上的创新，还是内容上的突破，OGC都在不断推动行业的发展，引领着整个行业的走向。作为行业领跑者，OGC吸引和培养了大量的行业精英。这些专业人才包括导演、编剧、摄影师、剪辑师、美术指导和演员等，他们在各自的领域都有着丰富的经验和卓越的能力。OGC通过系统的培训和严格的项目实践，不断提升团队的专业水平和创作能力。OGC常常与高校影视制作相关专业保持着密切的联系。尽管OGC在视频创作行业中占据重要地位，可OGC机构的数量和规模有限，因此能够容纳的影视制作人才也有限，并且其人才需求的门槛较高。因此，对于普通高职院校培养的影视制作人才而言，进入OGC机构的难度相对较大。

2.1.2.2 BGC

BGC是企业为自身品牌和产品服务生成视频内容的生产方式，其核心目的是通过视频内容提升品牌形象和产品销量，增强品牌与用户之间的互动和黏性。BGC的内容通常围绕产品展示、品牌故事、用户评价和使用教程展开，强调产品的特点和优势，风格偏向商业和营销。

BGC的创作过程往往涉及多个部门的协同合作。除了专业的视频创作团队外，还包括市场营销人员、品牌经理、产品经理等。这种跨部门合作模式使得BGC能够紧密结合品牌战略和市场需求，确保内容的实用性和说服力。随着直播电商的迅速崛起，很多企业对视频创作人才产生了刚性需求。因为BGC类企业的行业来源广泛，所以其提供的岗位数量规模巨大，且呈现持续的上升趋势。

相比于专业影视制作公司，BGC企业自建视频团队的岗位细分度明显降低。据统计，国内自建视频团队的大型企业已占大型企业总量的35.7%，其视频团队的人数主要集中在10至20人（占比70%），其中需求最高的岗位分别是策划、编导、拍摄、剪辑、后期。其中，策划和编导占比较高的原因可能在于大企业的视频创作业务更多依赖外聘第三方专业团队来解决，故自建团队的主要任务会侧重主题和内容把关，而非专业技术。中小企业拥有自建视频团队的比例为26.5%，其对岗位需求的排序为拍摄、剪辑、运营、直播、后期。可见，拥有拍摄、剪辑等视频创作技术的专业人才更符合小型企业的需求。①

2.1.2.3 PGC和UGC

PGC是由具有专业知识或技能的创作者、团队或机构生成的内容，在内容营销中，PGC常被用于提升品牌形象和专业度。与UGC相比，PGC的内容通常经过精心策划、制作和编辑，具有较高的专业性和质量。PGC的核心优势在于其专业性和可信度，能够为用户提供有价值的信息和高质量的娱乐体验。PGC的创作动机通常与商业利益相关，创作者通过优质内容吸引粉丝关注，进而实现广告合作、品牌推广或付费订阅等盈利模式。

UGC是互联网时代内容创作的重要形式，其核心在于用户通过互联网平台分享和传播自己创作的内容。UGC的创作门槛较低，内容形式丰富多样，包括文本、图片、视频、音频等，涵盖了从个人生活记录、兴趣分享到知识传播的各个领域。UGC的特点在于其真实性和互动性。用户既是内容的创作者，也是内容的消费者，这种双向互动使得UGC能够快速传播并引发共鸣。此外，UGC的创作动机多样，用户可能出于自我表达、社交互动、兴趣分享或寻求认同感而创作内容。UGC的多样性和互动性使其成为品牌营销的重要工具，通过用户的真实分享和推荐，能够增强品牌信任度和用户黏性。当然，UGC的内容质量参差不齐，部分用户创作的内容可能存在信息不准确、低俗或侵权等问题。

前文所述的OGC、BGC两类主体，均为企业主体。而PGC和UGC则更多呈现出自媒体的特征，企业主体占比较少，多数主体为个人或自组织的小型团队。据统计，以团队形式进行视频创作的自媒体，占自媒体总量的27.6%，其团队规模集中在6至10人（占比43%）。相较于传统的专业影视制作公司，此类团队规模小、人数少，机构的岗位细分程度明显偏低，其岗位需求集中在视频创作领域最为基础的岗位，如剪辑、拍摄、编导、策划、

① 数据来源：剪映、知萌咨询，《2022视频创作行业趋势白皮书》，第35页。

后期包装等，追求小团队的一人多岗，复合高效。①

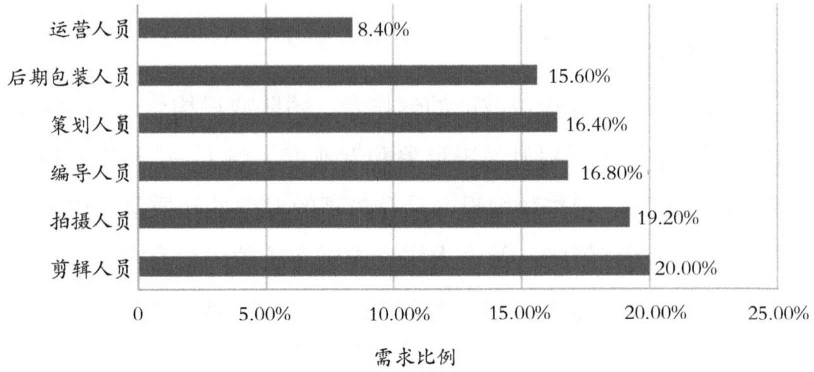

图 2-2　短视频机构、团队岗位需求比例图

2.1.3　行业特点

无论是 OGC 的专业精良、BGC 的品牌导向，还是 PGC 的个性化表达、UGC 的全民参与，视频创作行业虽形态各异、分布于不同产业和领域，但都蕴含着共同的行业特点。

2.1.3.1　创意驱动是视频创作行业的核心动力

在视频创作领域，创意不仅是作品的灵魂，更是推动行业发展的关键因素。创作者需要不断挖掘新颖的视角和独特的表现手法，将抽象的故事转化为具有吸引力的视觉作品。这种创意贯穿于故事构思、视觉呈现、音效设计及角色塑造等多个维度，为每一部作品赋予独特的艺术魅力。创意的持续性与创新性是保持作品竞争力的关键，也是行业发展的不竭源泉。

2.1.3.2　艺术与商业的融合是视频创作行业的显著特征

创作者在追求艺术表达的同时，必须兼顾商业考量。艺术追求赋予作品深度与美感，而商业考量则确保作品能够满足市场需求并实现价值。这种融

① 数据来源：剪映、知萌咨询，《2022 视频创作行业趋势白皮书》，第 22 页。

合并非简单的折中，而是在艺术与商业之间寻求平衡，使作品既能传达深刻的艺术内涵，又能适应市场环境，满足不同观众群体的需求。这种平衡是行业健康发展的基础，也是作品成功的关键。

2.1.3.3　高度依赖团队协作是视频创作行业的基础

从创意构思到最终成品，视频创作的每一个环节都需要不同专业背景的人员协同工作。编剧、导演、摄影师、演员、剪辑师、美术指导等各司其职，通过紧密合作和有效沟通，将创意转化为现实。每个成员的专业能力和团队协作精神共同决定了作品的质量。这种团队协作模式不仅要求成员具备个人专业素养，更需要他们在集体中发挥协同效应，以确保作品的整体性和连贯性。

2.1.3.4　技术革新对视频创作行业的影响巨大

随着科技的不断进步，视频创作行业正经历着深刻的技术变革。数字化拍摄、特效制作、智能化剪辑和分发等技术的应用，极大地提升了视频创作效率，拓宽了艺术表达的边界。先进技术不仅为创作者提供了更多实现创意的手段，也为观众带来了全新的视听体验。技术的快速发展促使行业不断更新制作流程和标准，以适应新的创作需求和市场环境。

2.1.3.5　内容多元化是视频创作行业的重要发展趋势

为了满足日益多样化的观众需求，视频创作行业不断拓展内容类型和题材。从传统的电影、电视剧到新兴的网络剧、短视频，再到各种垂直领域的专业内容，视频创作行业正朝着更加丰富多样的方向发展。这种多元化不仅体现在内容和形式上，也体现在题材选择和叙事风格上。多样化的内容供给不仅丰富了市场，也为创作者提供了更广阔的创作空间，推动了行业的繁荣。

2.1.3.6　跨界融合是视频创作行业的重要发展方向

随着技术的进步和市场需求的多样化，视频创作行业与其他领域的融合日益紧密。视频内容不再局限于传统的娱乐领域，而是与电商、教育、医疗、文化等众多行业深度融合，催生了新的业态和商业模式。这种跨界融合为视频创作行业带来了更广阔的发展空间，同时也推动了内容和形式的创新，使其能够更好地服务于社会发展的多元需求。

2.1.3.7 内容的合规性与监管是行业发展的重要保障

随着视频内容的快速传播和影响力的扩大，合规与监管成为行业健康发展的关键。政府和行业内部通过制定法律法规和行业规范，加强对视频内容的监管，以保障用户权益和市场秩序。合规性不仅是对内容创作者的基本要求，也是行业可持续发展的必要条件。通过规范内容创作和传播，行业能够更好地适应社会发展的需求，实现健康、有序地发展。

2.1.3.8 全球化与本地化的平衡是视频创作行业的必然选择

在全球化背景下，视频创作行业面临着国际市场的竞争与机遇。创作者和企业需要在作品中融入全球化的视角和表达方式，以吸引更广泛的观众群体。同时，创作者和企业也需要注重本地文化的独特性，通过融入本地文化元素，增强作品的认同感和亲和力。这种全球化与本地化的平衡不仅有助于作品的传播，也促进了文化的交流与融合，为行业的发展提供了更广阔的视野和更丰富的资源。

综上所述，视频创作行业虽形态各异、分布广泛，但其共同的行业特点构成了行业的核心竞争力和发展脉络。这些共同的行业特点为视频创作人才培养模式的改革提供了重要的参考方向。

2.2 产业人才需求现状

2.2.1 基础岗位

影视行业历经百年发展，形成了以摄像师、灯光师、剪辑师、导演、编剧、调色师等为核心的基础岗位体系。这些岗位不仅历史悠久，而且构成了影视制作的基石。如今，随着技术的飞速发展和市场需求的多样化，招聘网站上出现了众多与视频创作相关的新兴岗位，名称虽五花八门，但大多是在这些传统岗位的基础上演变而来。研究这些基础岗位对于理解影视制作行业的产业流程至关重要，它们不仅能够帮助我们厘清企业的岗位需求，还能为高校视频创作专业的专业设置、课程设计和人才培养方案提供重要参考。

表 2-3 影视制作行业基础岗位及其市场需求指数表

类别	岗位	岗位介绍	需求指数（满分 10）
前期	编剧	编写剧本并参与所有制作阶段，与演员和导演合作开发剧本内容	2
	创意	负责创意方向和策略，以及视频创意的开发	4
	策划	制定项目策划方案，包括选题、内容规划和市场分析	5
拍摄	导演	负责整个视频项目的创意方向和执行，指导拍摄和后期制作	6
	摄像师	负责拍摄视频素材，包括设置照明和音频设备	9
	灯光师	负责拍摄现场的灯光设置和调整	7
后期	剪辑师	负责视频的剪辑工作，包括初剪、精剪等	10
	特效师	负责制作和添加视频特效，提升视觉效果	8
	调色师	负责视频的色彩调整和校色工作	6
	动画师	负责创作和制作 2D 或 3D 动画角色和场景	4
	录音、音频编辑	负责音频工作，包括录音、编曲等	5

除表 2-3 中的基础岗位外，还有一些如化妆、造型、服装、舞美、演员、模特、配音之类的岗位，因与本书主题相关度较弱，故未列入表中。

通过数据分析，并经过与资深业内人士进行访谈，可得出以下结论。

首先，技术类岗位（如剪辑师、摄影师、特效师等）是目前市场上需求最旺盛的岗位，反映了视频创作行业对高质量内容的强烈需求。其次，创意和策划类岗位也有较高的需求，这表明公司在寻求创新和有吸引力的内容方面投入了大量资源。再次，运营类岗位虽然需求稍低，但在新媒体，尤其是短视频领域，此类岗位扮演着不可或缺的角色。最后，编剧、调色师、动画师等岗位在当前的市场需求中相对较低，并非这些工作不重要，很可能是因为一些公司会外包这些工作，或者雇用兼职人员来降低成本。

2.2.2 招聘需求

随着短视频平台商业潜力的逐渐显现，越来越多的企业开始筹建专门的短视频团队，并因此产生了大量相关岗位的招聘机会。这标志着提供视频创作岗位的企业主体正在从专业的 OGC 公司，向来自各行业的 BGC 公司转移。在这一趋势下，BGC 公司视频创作人才的主要职责也发生了变化，其内容创作更倾向于与企业自身的产品或服务紧密结合，以实现品牌宣传、产品推广等商业目标。这一点与 OGC 公司大有不同，后者更侧重于提供专业的影视制作服务，追求高质量、高影响力的作品，以获取商业利润和行业声誉。

表 2-4 总结了招聘网站上招聘与视频创作相关职位的公司类型及其常见岗位，并以出现频率作为标准，按从高到低的顺序进行了排序。需要说明的是，表 2-4 中所列的招聘岗位都是筛选自招聘网站的真实招聘信息，是研究影视制作人才招聘市场的第一手资料。如前文所言，这些真实的岗位多数是在摄像师、剪辑师等传统岗位的基础上演变而来，其演变有些体现了行业的细分，如社交媒体视频编辑，有些体现了技术的迭代，如 UI/UX 动画设计师，还有一些体现了视频创作与公司主业的跨界融合，如健康科普视频创作人。研究这些真实的、复杂的、个性化的岗位设置，有助于视频创作专业的教育者更好地把握行业的走向与企业需求的变化，这对影视专业的教育者而言是大有裨益的。

表 2-4 招聘视频创作人才的常见公司类型及其招聘岗位

排名	公司类型	招聘岗位	简要说明	频率
1	媒体与娱乐业	视频编辑、导演、制片人、摄像师	包括电视台、电影制片厂、在线流媒体平台等，需要大量视频创作人才	18%
2	广告与营销行业	广告视频创作人、创意总监、动画师	创作广告片、宣传片、产品演示视频等，帮助客户提升品牌形象和市场影响力	15%
3	数字内容创作行业	社交媒体视频编辑、内容创作者、动画设计师	社交媒体内容提供商、在线教育平台、游戏开发公司等，创作吸引用户的视频内容	12%
4	企业与公关业	内部培训视频创作人、企业宣传片制作人、产品经理	创作内部培训视频、企业宣传片、产品介绍视频等，提升企业形象和员工培训效果	10%
5	新闻机构与出版业	新闻记者、纪录片制作人、摄影师	创作新闻报道视频、纪录片、专题片等，丰富媒体内容形式	9%
6	自由职业与创业	视频编辑、动画师、创意总监	帮助创作和编辑视频内容，推广产品或服务	8%
7	教育机构与培训中心	教育视频创作人、课程设计师、讲师	创作教育视频、在线课程、讲座录像等，提供丰富的教学资源	7%
8	非营利组织与政府机构	宣传视频创作人、公益广告设计师、政策分析师	创作宣传视频、公益广告、政策解读视频等，提升公众对其事业的认知和支持	6%
9	电商行业	产品视频创作人、直播运营、短视频编辑	制作产品展示视频、直播带货视频等，增强产品吸引力	5%
10	互联网业	UI/UX 动画设计师、技术视频创作人、产品演示专家	制作软件操作视频、UI 动效、产品功能演示等	4%
11	旅游与酒店业	旅游视频创作人、虚拟现实内容开发者、活动策划师	制作旅游宣传视频、酒店介绍视频等，吸引游客	3%

续表

排名	公司类型	招聘岗位	简要说明	频率
12	医疗与健康行业	医学动画师、健康科普视频创作人、远程医疗视频专家	制作医学教育视频、健康科普动画等，提升公众健康意识	2%
13	时尚与美容行业	美妆视频博主、时尚编辑、形象设计师	制作美妆教程、时尚搭配建议视频等，吸引目标受众	1%
14	金融与投资业	金融教育视频创作人、投资分析视频专家、数据可视化专家	制作金融知识普及视频、投资策略分析视频等，提升客户理解和信任度	小于1%

表2-4中的数据是基于对几家头部招聘网站的不完全统计，各类公司在视频类岗位招聘信息中出现的频次反映了不同行业对视频创作人才的需求程度。从表2-4中可以看出各行业对视频创作人才需求的特点大致有以下几个方面。

首先，视频创作人才不再局限于传统的媒体和娱乐行业，而是广泛应用于各行各业。这表明视频作为一种强大的传播和营销工具，已经成为各行业的重要组成部分。从媒体与娱乐公司到广告与营销公司，再到数字内容创作公司和企业与公关公司，视频创作的应用领域非常广泛。

其次，媒体与娱乐公司、广告与营销公司和数字内容创作公司对视频创作人才的需求最强烈，因为这些行业依赖于高质量的视频内容来吸引观众、提升品牌形象和增加用户参与度。企业与公关公司和新闻机构与出版社也表现出较强烈的需求，这表明企业内部沟通、品牌宣传和新闻报道越来越多地依赖于视频形式。

再次，自由职业与创业团队、教育机构与培训中心和非营利组织与政府机构的招聘频率虽然较低，但仍显示出一定的需求。这表明视频创作在创业、教育和公共服务领域也有重要应用。电商公司、互联网与科技公司、旅游与酒店业、医疗与健康行业、时尚与美容行业、金融与投资业的招聘频率虽然相对较低，但这些行业对视频创作人才的需求量正在逐渐增加，特别是在产品展示、教育内容、营销和内部培训等方面。

最后，各类公司的招聘岗位非常多样，包括视频编辑、导演、制片人、摄像师、动画师、创意总监、技术视频创作人等，这反映出视频创作的专业化和细分化趋势。此外，特定行业还有独特的岗位需求，如旅游视频创作人、虚拟现实内容开发者、生产线监控视频专家、美妆视频博主等，这表明视频创作的应用领域正在不断扩展和深化。

2.2.3 典型工作任务

为了了解企业对视频创作人才的真实需求，笔者登录了多家招聘网站。为了确保样本的多样性，笔者浏览了涵盖不同经济发展水平和不同城市级别的多个城市的招聘信息。以下是招聘网站中视频创作相关岗位的典型工作任务描述。

独立完成短视频的素材整理；对拍摄素材进行整理、分类和存储，建立素材库，便于后期查找和使用；定期清理素材，释放存储空间，确保素材的安全性和完整性；独立承担产品短视频的拍摄工作；完成销售部门朋友圈视频的拍摄与剪辑工作；拍摄制作抖音、快手等信息流广告；拍摄器材的日常管理与维护；运用剪辑软件对拍摄素材进行后期剪辑处理，包括剪辑视频、添加字幕、配乐、特效等；独立完成栏目包装、影视片头、广告片、宣传片的制作；优化剪辑和包装风格；独立进行账号运营；对发布的短视频进行相关数据的统计、跟进和分析。

2.2.4 典型应聘条件

以下是招聘网站中视频创作相关岗位的典型应聘条件描述。

2.2.4.1 知识要求

熟悉新媒体传播规律；对微信视频号、抖音、小红书等短视频平台有较深的认知，了解平台之间的差异；熟悉微信视频号、小红书等不同类别短视频平台用户特性；了解短视频平台的运作逻辑；熟悉新媒体传播规律；熟悉短剧榜单的热门短剧类型，熟悉短剧市场；了解色彩、构图、镜头语言；了解镜头衔接和逻辑关系；了解受众心理；懂得脚本结构、叙事逻辑等。

2.2.4.2 能力要求

能根据视频的主题和风格，搜集相关的视频、音频、图片等素材；能够根据编导提供的文稿，独立完成视频分镜设计；能够撰写分镜头脚本；能够提炼卖点并制订拍摄计划，展示产品优势；有良好的网感，懂得爆款逻辑；能够捕捉当下的热门视频、热点话题；能够准确感知短视频趋势，以适应不断变化的行业趋势；能够挖掘热点方向，根据账号增粉目标，及时调整运营策略，提升账号的精准粉丝数、转发量、浏览量、点赞量等；有思想，懂得根据数据对视频作品进行反思复盘，优化工作；根据项目需求进行拍摄准备；能够独立处理拍摄布景、灯光、收音及辅助设备；能够熟练操作主流的拍摄设备，如微单、稳定器、无人机、手机等；能够排除简单故障；可驾驭复杂的拍摄现场；能够调动演员情绪；具备良好的控场能力；懂得找场景、找角度、找合适的光线；有良好的镜头语言表现力；能够很好地把控拍摄画面的质量；可以独立完成室内或室外拍摄；熟练使用剪辑软件，如 Premier、After Effects、Final Cut Studio、剪映、AU 等；熟练掌握人工智能技能，如 MJ、SD、runway 等为加分项；熟悉 C4D、3Dmax 等建模软件为加分项；能够对文字、图片等素材进行有效处理；具备后期编剧能力，可以从海量素材中梳理出故事线和人物线；能够根据脚本或者创意，对素材进行剪辑、拼接、调整顺序等操作，形成视频的初步版本；对剪辑有独立的逻辑思维能力；具有良好的剪辑感觉，对视频逻辑、节奏、情绪、音乐有把控能力；能够对视频的音频进行处理，包括剪辑、混音、添加背景音乐等；能够结合素材和剧本，构建基本剪辑框架，加入核心思想和主体风格；能够制作出符合项目规划的包装、动画效果；能够为视频添加特效，如转场效果、滤镜、动画等，提升视频的视觉效果；有良好的画面风格和节奏把控力；能够分析用户行为和心理，对视频内容进行优化；能够运营多平台账号。

2.2.4.3 素质要求

对创意企划有想法；具备出色的沟通能力；具有良好的审美能力；有良好的团队合作意识，能够与团队成员有效沟通；具备良好的应变能力；勇于面对挑战；对短视频创作有敏锐的洞察力，能够捕捉精彩瞬间；有一定的美术基础，对色彩、构图、镜头语言有敏锐的感知；能够适应高强度、快节奏的工作；有良好的音乐节奏感。

由于用人企业的行业特点、规模实力、地缘环境、企业文化等存在巨大差异，因此其招聘需求的差异也较大。本书从大量样本中遴选出了上述较具有代表性的典型工作任务和典型应聘条件，这些内容遴选自多个招聘单位，表述上五花八门，且无法用严谨的统计学方法进行定量分析，但是这些原汁原味的文字恰恰能够传递出来自市场的真实声音。

2.3 产业人才需求趋势

2.3.1 技术革命背景下的行业趋势

在当今数字时代，视频创作行业正经历着前所未有的变革，这一变革的推动力是层出不穷的新技术。近年来，技术的更新迭代速度之快令人瞩目，革命性的技术突破频繁涌现，从人工智能视频生成到5G技术的普及，从高清视频的广泛应用到虚拟现实、增强现实沉浸式体验的逐步成熟，这些技术不仅重塑了视频创作的流程，还深刻影响了整个产业链。面对如此迅猛的技术升级，视频创作行业正站在一个新的起点上，面临着崭新的机遇与挑战。

下面我们将从创意、筹备、拍摄、后期、运营等5个阶段分别阐述技术革命潮流下，视频创作行业的发展趋势。

2.3.1.1 创意阶段

人工智能辅助创意。人工智能通过分析海量数据，能够识别观众喜好、流行趋势。基于这些分析结果，人工智能可以为创作者提供创意灵感和方向，帮助他们构思出更符合市场需求和观众口味的故事概念。

剧本创作与分析。人工智能在剧本创作的过程中可以辅助进行情节发展、角色塑造和对话生成等任务。通过自然语言处理技术，人工智能能够理解剧本内容，提出修改建议，优化剧本结构和语言表达。同时，人工智能剧本分析工具能够预测剧本的票房潜力、观众反馈，以及潜在的制作风险，为制作方在剧本选择和投资决策上提供重要依据，降低项目失败的风险。

人工智能市场分析。利用大数据分析和机器学习算法，人工智能可以对影视市场的历史数据、观众行为、竞争对手情况等进行深入分析，预测未来市场趋势和观众需求。这使得制作方能够更准确地定位影视作品的目标受众，制定更有效的市场策略和宣传计划，提高作品的市场竞争力。例如，人工智能可以分析不同题材、风格和演员组合的受欢迎程度，为制作方选择合适的项目方向提供参考。

2.3.1.2 筹备阶段

虚拟制片技术。虚拟制片技术通过实时渲染和虚拟现实技术，使得制作团队能够在拍摄前就预览场景、角色和特效等元素，进行更精确的规划和调整。这不仅提高了拍摄效率，降低了因场景搭建和特效制作失误而产生的成本，还为创作者提供了更大的创作自由度，使他们能够尝试更多创新的拍摄手法和视觉效果。例如，在拍摄科幻或奇幻题材的影视作品时，虚拟制片技术可以提前构建出复杂的虚拟场景和特效元素，让导演和演员更好地理解场景布局和角色动作，增强拍摄效果。

拍摄设备的准备。随着科技的进步，影视拍摄设备也在不断更新换代。高清摄像机、稳定器、无人机等设备的性能不断提升，为影视作品的拍摄提供了更高质量的影像素材。例如，无人机航拍技术能够获取独特的空中视角和广阔的画面，为影视作品增添了更多的视觉冲击力和艺术表现力。

2.3.1.3 拍摄阶段

无人机航拍。无人机在影视拍摄中的应用越来越广泛，它们可以轻松地飞越复杂的地形和建筑，拍摄出令人惊叹的航拍镜头。无人机航拍不仅降低了传统航拍的成本和风险，还为影视作品提供了更丰富的视角和创意空间。例如，在拍摄自然风光、城市景观或追逐场景时，无人机可以灵活地变换高度和角度，捕捉到独特的画面，增强影视作品的视觉效果和观众的观影体验。

2.3.1.4 后期阶段

人工智能辅助制作。人工智能在后期制作中发挥着越来越重要的作用。人工智能可以自动化处理剪辑、调色、音效等烦琐的任务，提高后期制作的效率和质量。例如，在剪辑过程中，人工智能可以根据剧本内容和导演的意图，自动识别和挑选出合适的镜头素材，进行初步的剪辑拼接，节省剪辑师的时间和精力。在调色环节，人工智能可以根据不同的风格和氛围要求，快速生成调色方案，为影视作品呈现出更丰富的色彩效果。

特效制作。人工智能在特效制作中也展现出了强大的能力。它可以辅助进行图像识别、合成和渲染等任务，提高特效制作的精度和效率。例如，在制作复杂的特效场景时，人工智能可以自动识别和分离出不同的图像元素，进行精确的合成和调整，使特效与实景画面完美融合，呈现出更加真实和震撼的视觉效果。

虚拟现实和增强现实制作。虚拟现实和增强现实技术为影视作品带来了全新的表现形式和观影体验。通过虚拟现实和增强现实制作，影视作品可以打破传统屏幕的限制，让观众沉浸在一个立体、互动的虚拟世界中。例如，在虚拟现实影视作品中，观众可以自由地移动和探索场景，与角色互动，获得更加真实和个性化的观影感受。这种新技术的应用为影视制作行业开辟了新的创作空间，提供了更多的市场机会。

2.3.1.5 运营阶段

人工智能推荐分发。人工智能在影视作品的发行和推广中发挥着关键作用。通过分析观众的喜好、行为数据和社交网络信息，人工智能可以精准地识别目标受众，实现影视作品的个性化推荐和精准分发。例如，在网络平台中，人工智能可以根据用户的观看历史和兴趣偏好，将影视作品推送给最有可能感兴趣的观众，提高作品的曝光率和观看量。同时，人工智能还可以优化影视作品的排片和放映策略，使其在院线、电视台等渠道获得更好的播出效果和观众反馈。

综上所述，新兴技术正在全方位地影响影视制作行业的产业链，从创意开发到发行的各个环节都得到了优化和创新。这些技术的应用不仅提高了影视作品的制作效率和质量，降低了成本，还为观众带来了更加丰富和个性化的观影体验，推动了影视制作行业的持续发展和变革。

2.3.2 产业人才需求的新趋势

2.3.2.1 人工智能与自动化技术的融合

随着人工智能技术的快速发展，视频创作领域正在经历一场革命。人工智能不仅能够自动剪辑视频片段，还能通过算法分析用户数据来推荐个性化内容。例如，Netflix 使用人工智能算法来分析用户的观看历史和偏好，从而为他们推荐个性化的电视节目和电影。此外，机器学习技术使得视频内容能够根据观众的反馈进行自我优化，完善观看体验。企业需要招聘具备人工智能知识和技能的视频创作人才，以利用这些先进技术提升内容质量和效率。

2.3.2.2 远程工作与分布式团队

在技术支撑下，远程工作迅速普及，视频创作团队越来越多地采用分布式工作模式。这种变化要求视频创作人才具备良好的在线协作能力和自我管理能力。例如，Adobe 公司在全球范围内拥有多个办公室和研发中心，其员工经常需要跨时区、跨文化进行远程协作。为了确保团队成员之间的有效沟通和协作，Adobe 采用了多种在线协作工具和技术手段来实现这一目标，包括使用视频会议软件进行实时交流、共享文档和资源，以及建立虚拟白板等工具来促进创意的产生。此外，分布式团队还需要建立明确的工作流程和标准，以保证视频项目的顺利进行。

2.3.2.3 个性化与定制化内容

在数字化时代，消费者对个性化内容的需求日益增长，企业需要通过定制化的视频内容来提升用户体验和忠诚度。这意味着视频创作人才需要掌握数据分析技能，以便更好地理解目标受众，并创作出符合其偏好的内容。视频创作人才还应具备创意思维，能够根据不同用户群体的特点设计独特的视频故事和视觉效果。例如，抖音平台上的一些网红博主会根据粉丝的反馈调整自己的内容策略，以满足他们的需求；而一些电商平台则会利用大数据技术为用户提供个性化的商品推荐服务，从而提高转化率和留存率等关键指标的表现水平，以便为企业创造更大的商业价值和社会影响力。

2.3.2.4　故事叙述与情感连接

在信息过载的时代，能够讲述吸引人的故事并建立情感连接的视频内容才会有机会脱颖而出。视频创作人才需要具备优秀的叙事技巧和创意思维，以创作出引人入胜的视频故事。视频创作人才还应关注社会议题和文化趋势，使视频内容更具时代感和共鸣力。

2.3.2.5　多平台整合与跨媒体叙事

企业需要在多个平台上保持一致的品牌形象和信息传递，这要求视频创作人才能够进行多平台整合和跨媒体叙事。视频创作人才需要了解不同平台的特点和受众偏好，创作出适合各平台的视频内容。通过有效的多平台整合和跨媒体叙事策略，企业可以最大化地扩大品牌影响力并吸引潜在客户。

2.3.2.6　版权与知识产权保护

随着视频内容的爆炸性增长，版权与知识产权问题变得越来越重要。视频创作人才需要了解相关法律法规，确保创作的内容不侵犯他人的知识产权。视频创作人才应熟悉版权登记流程、授权协议，以及侵权纠纷处理机制等方面的知识。此外，视频创作人才还应关注行业内的最新动态和技术发展，以便及时调整自己的创作策略，并避免潜在的法律风险。对于任何涉及版权问题的情况，都必须谨慎对待，以确保自己的权益不受损害，同时这也意味着对他人劳动成果的尊重，进而维护整个行业的健康发展。

3 视频创作专业概况

视频创作行业高速发展、快速变化，面对这一复杂且多变的行业，视频创作专业的专业设置就成为视频创作技能培养的难点。本章旨在立足产业需求，解析视频创作专业概况，探索视频创作技能培养模式。

3.1 专业特点

视频创作专业作为一门综合性极强的学科，其专业特点紧密围绕行业发展的核心特质与技术变革趋势展开，以下是该专业的专业特点。

第一，视频创作专业融合了文学、影视、音乐、戏剧等多种艺术形式，同时跨越了艺术、商业、传媒和技术等多个领域。除此之外，随着行业需求的变化，视频创作专业还需要关注学生的跨行业知识储备和能力迁移。新时代的视频创作专业教育不会再局限于传统的影视制作领域，而是拓展到国民经济的各行各业，以适应不同行业对视频内容的需求。这种多领域融合，要求视频创作专业教育能够培养出具备广泛知识背景和综合能力的复合型人才。

第二，视频创作专业以创意为核心驱动力，致力于从多维度培养学生的创新能力。专业课程不仅涵盖故事构思、视觉呈现、音效设计等关键领域，还通过创意设计课程和实践项目强化学生的思维训练，激发其想象力，培养其独特视角。这种创新能力的培养不仅体现在艺术表达上，还要求学生在追求艺术价值的同时兼顾市场需求与商业价值的实现。通过艺术与商业的融合，使作品既具有艺术深度，又能满足市场和观众的需求。这种平衡能力是视频创作专业人才立足行业的关键，也是专业教育的核心目标之一。

第三，视频创作专业高度依赖团队协作，这种特性贯穿于从创意构思到最终成品的全过程。视频创作涉及编剧、导演、摄影、剪辑、美术等多个环节，每个环节都需要专业技能与团队协作精神的结合。在实际创作中，编剧的创意需要导演的诠释，摄影师的画面要与剪辑师的节奏相匹配，美术设计则为整体视觉风格奠定基础。视频创作专业教育不仅注重培养学生的个人专业素养，更强调其在团队中的沟通能力和协同创新能力。学生需要学会在团队中发挥自身优势，同时理解并尊重其他成员的专业分工，通过有效的协作实现创意的落地与作品的高质量完成。这种团队协作能力是视频创作专业人才必备的核心素养之一，也是其在行业中立足的重要基础。

第四，技术革新对视频创作专业的影响极为深远。随着人工智能、5G、虚拟现实、增强现实等新兴技术的快速发展，视频创作行业正经历前所未有的变革，视频创作专业教育也必须与时俱进，以适应行业对技术应用能力的高要求。因此，视频创作专业的课程设置需要不断更新，不断将前沿技术融入教学体系，培养学生掌握智能化工具、数据驱动的创意方法，以及沉浸式内容制作的能力。学生需要在学习过程中深度理解这些技术的原理和应用，以提升创作效率和作品质量，同时为未来的职业发展打下坚实基础。技术革新的浪潮促使视频创作专业人才不仅要具备传统影视制作技能，更要成为能够驾驭新技术的创新者，以推动行业的持续发展。

第五，视频创作专业非常强调实践，从器材操作到软件使用，每一个环节都离不开实践的打磨。学生需要在实践中不断试错、调整，只有这样才能将创意转化为作品。实践操作还能帮助学生熟悉行业标准和工作流程，培养其应对复杂场景的能力。只有通过实践，学生才能真正掌握行业核心技能，从而为未来的职业生涯积累经验。

第六，视频创作专业需要强化教学的开放性和社会连接属性。在当今数字化时代，视频创作专业的发展与社交媒体的深度融合已成为不可忽视的趋势。视频传播的主要场景已转向社交媒体，这深刻改变了视频创作的核心逻辑。社交媒体不仅是内容分发的渠道，更是用户互动与情感连接的场域。因此，新时代的视频创作专业教学必须超越传统审美与技术的单一视角，将社交连接能力纳入核心教学内容。

第七，伦理意识和社会责任感的培养是视频创作专业的重要教学内容。视频内容对观众的价值观和社会认知有着深远的影响，因此视频创作专业教育必须将伦理意识和社会责任感的培养纳入核心教学内容。学生需要学习如何在创作过程中遵循行业规范，避免虚假信息的传播，尊重版权和隐私，确保作品的真实性和合法性。同时，视频创作专业还应引导学生关注社会热点问题，通过作品传递正能量，促进社会的和谐与进步。

3.2 专业设置

随着视频行业的快速发展，尤其是短视频的崛起，越来越多的高职院校为了适应市场需求，开设了与视频创作相关的专业，这些专业主要归属于文化艺术、新闻传播等专业大类。同时，其他专业大类中也存在大量专业，虽然其在专业方向上并非视频创作，但在课程设置和技术应用上与视频创作相关专业多有重合。例如，数字媒体技术专业不仅涉及影视制作的核心技能，还融合了新媒体运营、程序设计等跨领域知识，这种跨学科的融合趋势客观上反映了视频行业对复合型人才的需求。因此，下面我们将以专业相关度为标准，分为强相关、中度相关、轻度相关三大类，对高职院校的视频创作专业进行系统梳理与介绍。

3.2.1 强相关专业

强相关专业主要集中在文化艺术、新闻传播等专业大类，常见专业有广播影视节目制作、影视动画、影视多媒体技术、影视编导、影视摄影与制作、影视后期技术及摄影与摄像艺术等。它们通常围绕视频创作的全流程展开，涵盖前期策划、拍摄、后期剪辑、特效制作等核心技能，具有高度的逻辑关联性和技术共性。在视频创作教育领域，此类专业是支撑行业高质量发展的核心力量。

表 3-1 高职院校与视频创作行业强相关的专业列表

专业名称	培养目标	核心课程
广播影视节目制作专业	培养熟悉广播影视专业技术及理论知识，掌握影视拍摄和后期制作能力，能够在影视制作行业从事节目制作、编辑、包装等工作的应用型人才	摄影摄像技术、电视节目制作技术、电视画面编辑、三维动画制作、非线性编辑等
影视动画专业	培养掌握影视动画设计、制作、特效等技能，能够在影视动画领域从事动画设计、制作、后期特效等工作，具有创新思维和创业精神的技术技能人才	动画角色设计、动画场景设计、动画运动规律、二维动画制作、三维动画制作、影视后期合成等
影视多媒体技术专业	培养具备艺术理论基础和良好艺术素质，能够利用数字技术从事影视制作、特效制作、网络多媒体设计等工作的应用型人才	数字媒体技术基础、影视后期剪辑、音频制作与处理、影视特效制作等
影视编导专业	培养掌握影视编导、策划、剪辑等知识，能够在影视传媒机构、网络新媒体公司等从事影视编导、策划、制作等工作的应用型人才	影视编导基础、影视剧本创作、影视摄影摄像、影视剪辑与合成等
电视节目制作专业	培养掌握电视节目制作理论知识和实践技能，能够从事电视节目策划、拍摄、编辑、包装等工作的技术技能人才	电视节目制作技术、电视画面编辑、电视摄像技术、非线性编辑等
影视摄影与制作专业	培养具备影视摄影、摄像、后期制作等能力，能够在影视制作领域从事摄影、摄像、剪辑、特效等工作的应用型人才	影视摄影技术、影视照明技术、影视后期制作、影视特效制作等
影视后期技术专业	培养掌握影视后期剪辑、特效制作、调色、音频处理等技术，能够在影视制作公司从事后期制作工作的技术技能人才	影视剪辑技术、影视调色技术、影视合成技术、影视特效制作等
摄影与摄像艺术专业	培养具备摄影与摄像艺术创作能力，能够在媒体机构、广告公司、影视制作公司等从事摄影、摄像、图片编辑等工作的技术技能人才	摄影基础、摄像技术、影视照明、影视后期剪辑、影视特效制作等

3.2.2 中度相关专业

在视频创作教育领域，中度相关专业是连接核心创作与外围支持的重要纽带，这些专业也主要集中在文化艺术、新闻传播等专业大类，常见专业有数字媒体艺术设计、广告设计、视觉传达设计和新媒体技术等。它们虽不直接参与视频创作的核心环节，但能够在特定的领域为视频内容的传播和推广提供技术支持。此类专业可以与强相关专业协同，形成专业群，以增强学校在视频产业链中的综合竞争力。

表 3-2 高职院校与视频创作行业中度相关的专业列表

专业名称	培养目标	核心课程
数字媒体艺术设计专业	培养掌握影视特效、影视后期制作、网络视频创作等基础知识和技能，能够在传媒及文化产业相关领域从事策划、创作、制作、传播等工作的应用型艺术设计人才	数字媒体艺术基础、图形图像处理、动画设计、交互设计、数字媒体项目策划与实施等
广告设计专业	培养具备广告设计、创意策划、视觉传达等能力，能够在广告公司、媒体机构、企业宣传部门等从事广告设计与策划工作的技术技能人才	广告策划与创意、广告设计基础、广告摄影摄像、广告视频创作与编辑等
视觉传达设计专业	培养掌握视觉传达设计领域的设计思维、表达、沟通和管理技能，具备视觉要素基础、传统平面图文及现代媒体传播专业知识和技能的设计人才	视觉传达设计基础、图形设计、标志设计、包装设计、广告设计与制作等
新媒体技术专业	培养具备新媒体内容创作、新媒体运营、数字技术应用等能力，能够在新媒体领域从事内容策划、制作、运营等工作的技术技能人才	新媒体技术基础、网页设计与制作、移动应用开发、新媒体内容创作与发布等

3.2.3 轻度相关专业

在影视产业的庞大体系中，还有一些看似不那么直接相关，但实际上却有着潜在联系的专业。此类专业多来自财经商贸、电子与信息等专业大类，通常在技术、艺术或管理层面与影视产业存在交叉点。轻度相关专业为影视产业提供了多元化的视角和创新的可能性，在影视产业的边缘地带发挥着独特作用。

表 3-3 高职院校与视频创作行业轻度相关的专业列表

专业名称	培养目标	核心课程
电子商务专业	培养掌握电子商务理论与实务，具备网络营销、电商运营、数据分析等能力，能够从事电子商务相关工作的应用型人才	电商视频创作基础、视频营销策略、短视频创作与运营
市场营销专业	培养具备市场营销策划、市场调研、品牌推广等能力，能够在各类企业从事市场营销工作的应用型人才	影视广告、短视频创作与运营
计算机科学与技术专业	培养掌握计算机科学基础理论与技术，具备软件开发、系统设计、网络管理等能力，能够从事计算机相关领域的研究、开发与应用的技术人才	多媒体技术基础、视频编码与解码技术、图形图像处理与动画制作、视频处理软件应用等
软件技术专业	培养掌握软件开发技术，具备软件编程、测试、维护等能力，能够从事软件开发、项目管理等工作的技术技能人才	视频处理软件开发与应用、视频编码与优化技术、视频编辑与特效实现、软件中的视频功能设计与实现

随着 5G 时代的到来，视频势必会在人们的经济社会生活中扮演更为重要的角色，而视频创作技术也越来越成为一项基本的办公技能。因此，相对于强相关专业和中度相关专业，笔者更为关注的是轻度相关专业甚至不相关专业的视频创作技能教学，因为其涉及的专业领域、学生人数等要远远高于前两者。为了更好地适应未来的工作和生活，每一名在校大学生都有必要学习一点视频创作技能。

3.3 课程设置

在高职院校的影视类专业教育中，课程设置是培养学生专业技能和综合素质的核心环节。随着视频相关行业的快速发展，相关专业的课程体系也在不断优化和创新。按照课程的功能和目标，笔者将视频创作的常见课程分为知识类、技能类、素质类等 3 个类别，下面将逐一进行阐述。

3.3.1 知识类课程

知识类课程是视频创作专业的基础，主要传授理论知识，帮助学生构建系统的专业知识体系，为学生提供影视制作的理论框架和艺术审美基础。这些课程是学生理解和掌握视频创作技术的前提，也是培养学生创新思维的重要环节。

表 3-4　视频创作专业的典型知识类课程

序号	课程名称	课程描述
1	摄影原理	摄影摄像的基本原理、构图技巧、光线运用，以及摄影器材的选择和使用方法
2	广播电视概论	广播电视的基本概念、发展历程、节目类型及传播特点
3	新媒体概论	新媒体的基本概念、发展趋势和应用领域，帮助学生了解新媒体行业现状和前景
4	传播学	传播的基本原理、传播模式，以及传播效果评估方法，探讨网络传播对社会的影响
5	视听语言	影视作品中影像、声音、文字等元素的组合方式，探讨视听语言在影视叙事中的作用和意义
6	电影电视艺术史	介绍电影和电视艺术的发展历程，分析不同时期的代表作品和创作风格，培养学生的历史视野和文化素养
7	影视心理学	研究观众观影过程中的心理反应和情感体验，更好地理解观众需求，提升作品的吸引力

3.3.2 技能类课程

技能类课程是视频创作专业的核心，注重实践操作能力的培养，帮助学生掌握视频创作的具体技术和方法，使学生能够在实际工作中熟练运用所学技能，满足行业对专业人才的需求。

表 3-5 视频创作专业的典型技能类课程

序号	课程名称	课程描述
1	影视后期特效合成	影视剪辑、影视音视频创作、影视特效合成等技能
2	Photoshop 图像处理	图像编辑、处理和设计
3	三维动画设计与制作	模型创建、材质贴图、动画制作等（含 Maya、3D Max 等）
4	Premiere 视频编辑	专注于 Premiere 软件的使用
5	After Effects 影视特效	使用 After Effects 软件进行影视特效制作
6	摄影摄像技术	教授学生摄影摄像的基本技巧、构图原则、光线运用等
7	Flash 动画设计与制作	二维动画制作
8	非线性编辑技术	非线性编辑的基本原理和操作技巧
9	影视短片创作	从策划、拍摄到后期制作的完整视频创作流程
10	数字音频处理技术	音频的录制、编辑、混音等技巧
11	动画原理与技法	动画的基本原理和制作技法
12	影视色彩校正与调色	色彩校正和调色的基本原理和操作技巧
13	视频剪辑	视频剪辑的基本操作和技巧
14	影视节目包装与制作	影视节目包装的基本原理和制作技巧
15	影视广告制作	影视广告制作的基本原理和流程
16	影视剧本创作	故事构思、角色设计、情节安排等
17	影视导演艺术	场面调度、镜头语言、演员指导等
18	视听节目创意与策划	影视节目的创意构思、策划方案制定

3.3.3 素质类课程

根据调研结果，很多影视类、视频创作类专业不仅开设了技能类课程，还为学生设计了素质类课程，以期培养学生的职业素养和综合能力，提升其能力上限和发展潜力。

表 3-6 视频创作专业的典型素质类课程

序号	课程名称	课程描述
1	艺术美学	艺术的本质和审美心理等，培养学生的艺术鉴赏能力和审美素养
2	影视文化批评	影视作品的文化内涵、社会意义和艺术价值，培养学生的批判性思维和独立见解
3	创意思维	培养学生的创新能力和想象力，为视频创作提供源源不断的灵感
4	文学欣赏	培养学生的文学素养和审美能力，为视频创作提供丰富的文学素材和灵感
5	创新与创业	培养学生的创业意识和实践能力，了解影视产业的运作和市场趋势

通过对相关课程的分析可以发现，我国的高职院校对影视类、视频创作类专业的课程设置较为系统，从基础知识到专业技能，再到素质提升，每个环节都紧密相连，形成了一个完整的知识链和技能链。其中，对实践课程的重视已经达成普遍共识。课程的设置明显偏向技术导向，这反映了影视行业对技术人才的强烈需求，也体现了技术更新迭代快速的特点。随着影视行业的不断细分，高职院校的课程体系也体现出了这一趋势，如影视包装、广告制作等课程的开设，就是对影视行业内部细分趋势的积极响应。

3.4 发展趋势

前文阐述了视频创作领域的专业设置与课程体系，视频创作专业教育自身的机制决定了其专业和课程设置需要保持相对的稳定性。专业设置和课程体系是静态的，而市场却是动态的。瞬息万变的市场形势为视频创作专业带来了大量的机遇，也带来了前所未有的挑战。视频创作专业必须主动拥抱变化，在静态中引入动态、在稳定中酝酿变革。下面我们将梳理视频创作专业的发展趋势，以期帮助读者预见变化、迎接挑战。

3.4.1 人工智能趋势

新一轮科技革命和产业革命正在重构全球创新版图、重塑全球经济结构，科技革命与产业升级不断对视频创作人才的教育提出新的要求。智能化和自动化技术的快速发展，无疑能够极大地提高视频创作领域专业人士的工作效率，但同时也意味着视频创作工作的专业门槛将大幅降低。对于视频创作行业的从业人员而言，他们赖以谋生的一技之长随时可能被智能工具“归零”。他们不仅面临着既有同行在原有领域内的“内卷”，还面临着大量智能技术赋能下的新晋从业者的涌入。由于专业门槛的明显降低，新晋从业者的人员规模可能是传统从业者难以想象的数量级。笔者在与视频创作领域资深业内人士的交流中经常听到的一句话是“乱拳打死老师傅”，此话无疑是对这一趋势的生动比喻。

科技的进步正在改写视频创作人才的能力结构，进而重构学校教育的教学内容。新时代视频创作人才的培养不能再囿于传统的课程体系，应打破传统课程壁垒，对课程体系进行重组，其重点是提升学生对人工智能技术的掌握水平，以适应行业智能化的发展趋势。对于视频创作专业教学而言，这不是简单地开设 AIGC 绘画、智能剪辑、图像识别与处理、虚拟数字人制作之类介绍人工智能工具和人工智能创作技巧的专业课程，还需要围绕人工智能时代对学生知识、能力、素质的全新要求，重新设计课程体系。例如，人工智能技术的发展使视频创作的边界不断拓展，在人工智能工具的赋能下，视频创作者的当务之急不再是纯熟的技术操作能力，而是更强的创意能力和想象力。在视频创作的数智化时代，只要想到就能做到，只有想到才能做到。因此，在视频创作专业的课程体系乃至各类课程的教学内容方面，应凸显对学生创意能力和想象力的培养。人工智能技术方兴未艾，其在视频创作领域的应用正不断拓展和深化，为视频创作专业带来了前所未有的机遇与挑战。笔者对这一领域的探索也处于刚刚起步的阶段，究竟如何重构教学内容和课程体系，以适应高速发展的人工智能技术，是视频创作教育领域亟待解决的重要课题，需要教育同人们共同研究和探索。

3.4.2 数据算法趋势

传统的影视制作业，从剧本创作到最终成片需要多个环节，制作周期较长。其内容创作和决策主要依赖导演、编剧等专业人员的经验和直觉，其内容分发则主要依赖院线、电视台等传统渠道，此类渠道只能通过有限的反馈机制来获取数据，如收视率调查、票房统计等。数据获取方式不仅耗时费力，而且覆盖范围有限，难以实时反映观众的多样化需求和偏好变化。

新型的视频创作业则以各类短视频为主，制作周期短、成本低，可实现多平台分发。在数据获取能力方面，短视频平台能够收集海量的用户行为数据，如观看时长、点赞、评论、分享等。这些数据实时性强、覆盖范围广，能够精准反映用户的兴趣和偏好。在推荐机制方面，短视频平台还拥有基于用户行为和偏好的智能推荐机制，通过算法分析用户的浏览历史、兴趣爱好和社交关系等信息，对海量的短视频进行筛选和排序，向用户精准推荐其感兴趣的内容。这种精准的推荐算法能够大大提高创作者寻找目标受众的效率，提升目标受众对创作者作品的黏性。在内容分发方面，短视频平台通过冷启动流量池推荐机制等算法机制，实现了更高效的流量匹配，提升了用户体验和转化率。在市场洞察方面，短视频平台借助大数据技术，可以更精准地把握用户需求和市场趋势。通过用户画像构建，为精准推荐提供了基础，创作者可以依据这些市场洞察调整内容创作的方向，从而更快、更准确地满足用户需求。

短视频平台的快速发展带来了大量新的职业机会，这些岗位不仅要求创作者具备拍摄、剪辑等视频创作能力，还需要他们能够利用数据和算法优化内容创作和分发，这就要求从业者具备数据和算法相关的技能。因此，在视频创作专业的教学内容中应增加数据科学和算法应用课程，或在其他专业课程的教学过程中有意识地加入数据和算法应用的内容。

3.4.3 高频优先趋势

随着时代的发展，视频创作的主阵地正逐步从传统的专业影视创作，向企业内容营销转移。传统专业影视创作的视频作品存在诸多差异，为了更简洁地表述，本书选择其最直观的表征，将前者定义为“低频视频”，将后者表述为“高频视频”。由低频视频向高频视频的转变，是多方面原因共同作用的结果。

第一，现代受众的时间愈发碎片化，专业影视创作通常依赖较长时间与完整叙事结构来展现内容，难以满足受众当下快节奏的信息获取习惯。为了适应受众观看行为的这一变化，企业的视频内容营销也随之进入高频视频主导的时代，以便快速、灵活地满足受众的碎片化需求。

第二，随着视频创作技术的发展，尤其是 AIGC 工具的普及，视频创作门槛大幅降低，没有专业团队和专业设备的企业也能创作出具有一定水准的视频作品。相比之下，专业影视创作的低频视频对设备、技术和人员的专业性要求极高。

第三，互联网的发展极大地拓展了视频传播渠道，企业可借助官方网站、社交媒体平台、视频分享网站等多样化渠道覆盖不同特征的受众群体。借助大数据与人工智能技术，企业能够对目标客户进行精准画像与定位，依据客户兴趣、需求与行为习惯，制作个性化的内容营销视频，实现精准推送，使营销效果最大化。相比之下，专业影视机构创作的低频视频，其目标更多地聚焦于艺术表达和大众娱乐，与企业以市场为导向的营销目标存在差异，更无法针对特定企业的客户群体进行精准创作。

第四，专业影视创作的成本高、周期长，缺少有效的效益评估机制，传播效果难以与企业的营销目标挂钩。而以短视频为代表的高频视频创作成本可控，拥有更佳的成本效益比。更重要的是，企业可以实时监测与分析视频的各项基础数据、粉丝数据、效果数据和成交数据，并根据数据反馈及时调整营销策略与视频内容。

基于上述原因，企业对视频的商业应用开始进入高频时代，兼具篇幅小、反应快、门槛低、投入少等多项优势的高频视频开始广泛应用于品牌推广、内容引流、社交互动、产品评测、使用说明等各种营销场景。视频创作与其他行业的跨界融合，作为营销工具服务于主业，成为视频商业应用的趋势。在数字经济环境下，短视频将广泛地深度融入和连接起经济社会发展的各方面、各领域，持续赋能千行百业，新业态、新模式将日益繁荣发展。近年来，淄博烧烤、哈尔滨冰雪大世界、甘肃天水麻辣烫等因短视频火爆全网，带动了当地文旅市场的爆发式增长，这就是短视频融入文旅业的典型例证。

在当今视频创作重心从传统的专业影视创作向企业内容营销转移的趋势下，视频创作行业的人才培养模式需要全面改革。一方面，视频创作专业的课程体系可酌情增加短视频营销、数据分析与内容创作等课程模块，帮助学生掌握快速响应市场变化的能力。另一方面，除了重视视频创作专业或相关专业的建设外，相关教育机构还应重视面向各专业的视频创作类公选课和影像美育类课程，培养学生在各领域中运用视频进行表达和传播的能力。总之，对于国内多数视频创作专业而言，围绕高频视频主动重塑专业定位，是在新市场格局下谋求生存与发展的重要战略选项。

3.4.4 “一专多能”趋势

根据笔者对招聘网站视频创作类人才招聘信息的观察，有将近八成的职位明确要求应聘者具备多种技能，如视频创作、剪辑、策划、运营等，产生这一现象的原因可能有以下几个方面。

一方面，视频创作岗位人才的主要招聘方正在由专业影视制作机构转向非专业的企业自建的视频团队。在这些自建视频团队的企业中，大企业倾向于借助第三方专业服务公司，而预算有限的中小企业更倾向于选择“一专多能”的复合型人才，构建“小而美”的视频团队。

另一方面，短视频内容的竞争已由增量竞争转变为存量竞争，赛道细分与新人频出，导致内容同质化严重，信息过载导致用户审美疲劳。因此，PGC和UGC创作者需要高频、持续输出专业、多元、优质的视频内容。在同行作品质量与频次的“内卷”、受众口味的升级，以及平台流量分配机制的三重挤压下，单兵作战的自媒体越来越难以适应如今的竞争环境，其结果是越来越多的自媒体已经开始团队作战。但受到规模实力的限制，这些小型初创企业、小规模自媒体团队在人员招聘时只能选择能够独当多面的“多边形战士”。

由此可见，无论是成熟的企业机构，还是初创期的自媒体团队，都表现出了对复合型人才的强烈偏好。就业市场对复合型人才的偏好应作为高校影视人才培养模式改革的重要依据。例如，可以采用项目式教学法，在完整项目中提升学生的综合能力，实现“多能”；同时通过课程的模块化设计，学生根据兴趣特长和职业规划选择不同的模块组合，以打造“一专”，最终培养出“一专多能”的复合型人才。

3.4.5　“超级个体”趋势

随着抖音等短视频平台的迅猛发展，无数人借助视频这一强大的工具成功塑造了独具特色的个人品牌。他们通过持续产出优质内容，与粉丝建立紧密联系，成功实现了广告植入、直播带货等商业变现模式，甚至拓展业务，成立个人工作室或创业公司，成为令人瞩目的“超级个体”。

这种“超级个体”趋势对视频创作专业教育提出了新的要求。传统的视频创作专业教育往往侧重于技术和艺术层面的培养，而忽视了学生在创新创业方面的能力培养。然而在当前的大环境下，仅仅掌握视频创作技术已远远不够，学生还需要具备敏锐的市场洞察力、独特的创意构思能力，以及勇于创新和实践的精神。

因此，视频创作专业应积极适应这一趋势，将培养“超级个体”作为专业建设的重要思路。在课程设置上，除了保留必要的专业技术课程外，还应增加与创新创业相关的课程，如市场营销、品牌策划、新媒体运营等，让学生了解市场需求和商业运作规律。同时，鼓励学生参与各类创新创业实践活动，通过实际项目锻炼他们的团队协作能力、问题解决能力和创新思维。此外，学校还可以与企业、平台等建立紧密的合作关系，为学生提供实习和实践的机会，让他们能够接触到行业前沿的技术和理念，积累实际工作经验。通过上述举措，使学生不仅具备扎实的专业技能，还能凭借创新精神和创业能力在激烈的市场竞争中脱颖而出，实现个人价值和社会价值的双赢。

4 视频创作技能培养模式创新的理论依据

在数字化和信息化迅速发展的今天，视频创作技能的培养已成为影视制作专业教育的重要组成部分。随着新媒体技术的不断演进，传统的教学模式面临着诸多挑战，亟须创新与变革。因此，探索有效的视频创作技能培养模式，以适应行业需求和技术进步，显得尤为重要。在这一背景下，多种经典教学理论为我们提供了重要的理论依据，可以帮助我们构建更加灵活和高效的教学体系。建构主义教学理论强调学习者的主动性和建构性，提示我们在视频创作专业教学中应鼓励学生主动探索和实践，通过建构个人知识体系来提升创作技能。连接主义教学理论则揭示了知识与知识之间的连接对于学习的重要性，提示我们要注重学生跨学科知识的整合与应用。设计思维教学理论倡导以用户为中心、迭代和原型制作等理念，为视频创作专业的人才培养提供了创新思维和方法论。社会建构主义教学理论则强调社会互动和合作学习的重要性，提示我们要在视频创作专业教学中促进学生之间的交流与协作。最近发展区理论揭示了教学应走在学生发展前面的原则，鼓励我们根据学生的实际水平设定教学目标，提供适度挑战。多元智能教学理论则提醒我们要尊重学生的个体差异，因材施教，发掘和培养每个学生的独特才能。项目式教学理论、体验学习理论、自我调节学习理论和支架式教学等理论则从不同角度为视频创作专业的人才培养模式提供了丰富的启示和实践路径。

上述理论不仅为我们提供了理解学习本质的新视角，更为我们改革和创新技能培养模式指明了方向。下面我们将逐一分析这些理论，并探讨它们如何指导我们改革和创新视频创作专业的人才培养模式。

4.1 建构主义教学理论

建构主义教学理论是一种以学习者为中心的教学理念，它认为学习不仅是获取信息的过程，更是学习者在特定社会文化背景下，在与环境的互动中，通过反思和经验积累，主动构建自己知识体系的过程。也就是说，学习的过程是学生在自己原有经验的基础上不断建构新的知识和经验的过程。

建构主义教学理论强调学习的主动性、社会性和情境性。首先，学习是主动的，学习者不是被动地接受信息，而是根据自己的经验和认知结构主动地选择、加工和组织信息。其次，学习是社会性的，学习不仅是个体的内部心理过程，也是社会互动的结果，通过与他人的交流与合作，学习者可以更好地理解和掌握知识。最后，学习是需要情境的，知识是在特定的社会文化背景和情境中构建的，因此教学应该关注学习者的实际生活经验和问题解决能力的培养。

该理论认为，情境、协作、会话和意义建构是学习环境中的四大要素。情境必须有利于学生对所学内容的意义建构，协作在学习过程中始终都发挥着重要作用，会话是协作过程中不可缺少的环节，而意义建构则是整个学习过程的最终目标。

传统教学往往将教师作为知识的传递者，学生则是被动的接受者。而在建构主义教学理论中，学生成为信息加工的主体，是意义的主动建构者，教师则成为意义建构的指导者、帮助者、促进者，而非知识的传授者与灌输者。在建构主义教学理论的指导下，教学不应该是简单的知识传递，而是知识的处理和转换。教师应为学生创造尽可能真实的环境，提供交流、对话、合作的机会，引导学生从原有的知识和经验中不断生长出新的知识和经验。

该理论对视频创作技能培养模式创新的启示主要体现在以下几个方面。

首先，视频创作专业教学要注重学生的主动探索，教师可以设计项目式学习任务，如让学生自主策划、拍摄与剪辑短片，引导他们在实践中发现问题、解决问题，从而主动构建知识体系，而不是单纯依赖教师的讲解。其次，视频创作专业教学应加强团队协作，让学生在交流与协作中学习他人的优点，弥补自身的不足，同时培养沟通能力和团队精神，更好地理解视频创作的全流程和各环节的协同作用。再次，视频创作专业教学要贴近岗位实际，教师应创设真实或模拟真实的情境，让学生在具体情境中运用知识解决问题，提升实践能力。最后，教师要主动完成角色转变，成为学生学习的引导者和促进者。

4.2 连接主义教学理论

连接主义是一种基于网络化和信息互联的学习理论，强调学习者在复杂多变的环境中通过与外部资源的连接、互动和信息共享来构建知识。连接主义教学理论由乔治·西门斯等学者于 2005 年提出，该理论强调在数字化时代，学习的本质在于建立节点与节点之间的连接，这种连接不仅存在于人与人之间，还存在于人与信息、技术与环境之间。连接主义有 4 个关键的学习原则，即自主性、连通性、多样性和开放性，这 4 个学习原则共同构成了这一教学理论的核心框架。

自主性是连接主义的基础原则，它强调学习者在学习过程中的主动性和独立性。学习者需要根据自己的兴趣、目标和需求，自主选择学习内容和学习路径，而不是被动接受预设的知识体系。在自主学习中，学习者能够更好地调动内在动机，主动探索和整合信息，从而实现知识的个性化构建。例如，在网络学习环境中，学习者可以通过搜索引擎、在线课程平台等工具，自主寻找和筛选适合自己的学习资源，这种自主性不仅提高了学习效率，也培养了学习者的自我管理和自我驱动能力。

连通性是连接主义的核心特征，它强调知识并非孤立存在，而是通过各种节点（如人、信息、资源等）相互连接而成的网络。学习者需要通过建立和维护这些连接，获取和整合不同来源的信息。在教学中，教师应鼓励学生利用社交媒体、在线论坛、学术社区等工具，与他人建立联系、分享观点、交流经验。通过这种连通性，学习者可以突破传统课堂的限制，接触到更广泛的知识领域和不同的思维方式，从而促进知识的深度理解和创新。

多样性是连接主义的重要保障，它强调学习资源、学习方式和学习路径的丰富性。在多样化的学习环境中，学习者能够接触到不同的观点、方法和文化背景，从而拓宽视野，避免单一视角的局限，增强对复杂问题的理解能力。

开放性是连接主义的必要条件，它要求学习环境和学习资源对学习者开放，允许他们自由获取、分享和创造知识。开放性体现在多个方面：一是开放的教育资源，如免费的在线课程、共享数据库，为学习者提供丰富的学习材料；二是开放的学习平台，允许学习者自由参与讨论、分享成果；三是开放的学习心态，鼓励学习者保持对新知识、新观点的开放态度，不断更新自己的知识体系。开放性使学习者能够突破时间和空间的限制，与各类学习者和指导者进行互动，从而实现知识的快速更新和个人的持续成长。

连接主义教学理论为视频创作专业教学提供了一种新的视角，使得视频创作专业教育更加符合信息社会的发展需求，该理论对视频创作技能培养模式创新的启示主要体现在以下几个方面。

首先，视频创作专业教学应赋予学生自主学习的权利，引导他们根据自身兴趣和职业规划，自主选择学习内容和学习路径，培养其独立思考和解决问题的能力。教师需提供丰富的学习资源和工具，让学生在自主探索中实现知识的个性化构建。其次，视频创作专业教学应强化学生之间的互动与合作，通过建立学习社区或项目小组，促进学生分享创意、交流经验，培养团队协作精神。这不仅能帮助学生掌握专业知识，还能提升他们的沟通能力，使其更好地适应视频创作行业的团队作业需求。再次，教学资源和教学方法应多元化，涵盖不同风格、技术和文化背景的内容。教师应鼓励学生接触多种学习资源，结合理论讲解、实践操作和案例分析等多种方式，帮助学生从不同角度理解视频创作的复杂性和多样性，帮助学生拓宽视野、培养创新思维。又次，教学环境和教学资源应保持开放性，利用开放的教育资源和平台，为学生提供最新的行业动态和学习材料。最后，鼓励学生自由分享作品、参与讨论，与行业专家互动，激发其学习热情，培养终身学习的习惯，使其能够适应行业的快速变化。

4.3 设计思维教学理论

设计思维是一种以创新和问题解决为核心的现代教学理论，它起源于设计领域，之后逐渐被应用于教育、商业等多个领域。它强调以用户为中心，通过系统的方法来解决复杂问题。设计思维的核心在于将问题视为机会，通过多学科的整合和创新思维来寻找问题的解决方案。

在设计思维教学理论中，核心原则主要包括 3 个方面：以用户为中心，强调从用户的真实需求出发，深入理解问题背景和使用场景，避免主观臆断和片面思考，这就要求学生在学习的过程中主动与用户互动，通过观察、访谈等方式获取一手信息，从而确保解决方案的实用性和有效性；跨学科融合，打破传统学科的界限，鼓励学生综合运用不同领域的知识和技能，设计思维认为复杂问题往往需要多学科的协同解决，因此在教学过程中应注重引导学生整合艺术、技术、社会学等多领域的知识，以拓宽视野和思维边界；迭代式学习，倡导学生在实践中不断试错和优化，设计思维认为创新是一个逐步完善的过程，学生需要在多次迭代中发现问题、调整方案，从而培养其应对复杂问题的灵活性和韧性。

设计思维教学理论通常包括以下几个关键步骤。首先，问题定义，要求学生明确问题的核心和边界。这一阶段需要学生通过调研和分析，将模糊的、复杂的问题转化为具体的、可操作的挑战。其次，创意发散，鼓励学生打破常规思维，从多个角度提出创新性的解决方案。这一阶段强调开放性和多样性，教师应引导学生大胆尝试，避免过早地限制思路。再次，原型制作，学生需要将创意转化为可操作的模型或方案。这一阶段强调实践性和可视化，通过制作原型，学生可以更直观地展示自己的想法，并在实践中发现问题。

最后，测试与优化，学生需要将原型置于实际环境中进行测试，并根据反馈进行调整和改进。这一阶段是迭代式学习的核心环节，通过不断优化，学生能够逐步完善解决方案。

结合设计思维教学理论，视频创作技能培养模式应当进行以下改革和创新。

首先，视频创作专业教学应注重以用户为中心的创作理念。设计思维强调从用户需求出发，深入理解用户的喜好、痛点和使用场景。在视频创作专业教学中，教师应引导学生在策划、拍摄和后期制作的各个环节始终关注目标受众的需求，通过调研、访谈等方式获取一手信息，从而创作出更具吸引力和传播力的作品。其次，教学内容和教学方法应注重跨学科融合。设计思维倡导打破学科界限，鼓励学生综合运用多学科知识进行创作。例如，在短视频设计课程中，可以结合商业洞察、用户体验等其他学科内容，帮助学生从不同角度思考问题，提升作品的深度和广度。再次，教学过程应融入迭代优化的理念。设计思维强调通过原型制作和反复测试逐步优化作品。在视频创作专业教学中，教师可以引导学生制作多个版本的视频作品，通过课堂讨论、小组互评等方式收集反馈，并根据反馈进行修改和完善。这种迭代式的学习过程不仅有助于学生提升作品质量，还能培养他们的创新思维和问题解决能力。最后，视频创作专业教学应强化团队协作与实践能力的培养。教师可以通过引入微型实践项目，如与企业合作的短视频项目，让学生在真实的工作环境中学习和实践，从而提升学生的团队协作能力和实践能力。

4.4 社会建构主义教学理论

社会建构主义教学理论是一种强调知识在社会互动中建构的教学理念，它认为知识并非孤立存在，而是通过学习者与他人、环境的互动逐步形成的。该理论将学习视为一个动态的社会过程，强调语言、文化、社会互动等因素在知识建构中的重要作用。在社会建构主义视角下，教学不仅是知识的传递，更是学习者在社会文化环境中主动建构意义的过程。

社会建构主义教学理论的核心观点包括知识的社会建构性、学习的社会互动性及学习者的主体性。知识的社会建构性意味着知识并非客观存在，而是通过学习者与他人在特定社会文化背景下的互动而逐渐形成的。学习的社会互动性强调语言和交流在知识建构中的关键作用，学习者通过与他人的对话、合作和互动，不断调整和丰富自己的认知结构。同时，社会建构主义还强调学习者的主体性，认为每个学习者都带着自己的经验和背景参与学习过程，这些经验和背景会影响他们对知识的理解和建构。

该理论对视频创作技能培养模式创新具有重要启示，具体体现在以下几个方面。

首先，视频创作专业教学应创设真实情境，让学生在真实的视频创作项目中与行业专家、同学，以及其他相关人员进行互动，通过实际操作和交流来建构知识。其次，教学过程中应注重协作学习，培养学生的团队合作能力，因此教师应设计多样化的团队项目，鼓励学生在合作中学习和成长。最后，教学评价应多元化，注重设计多元化的评估方式，通过同行评审、组内互评、组间评价等方式，为学生创造人际交流、相互学习的机会。

4.5 最近发展区理论

最近发展区理论是由苏联心理学家列夫·维果斯基提出的，旨在揭示学习与发展之间的关系。该理论认为学习者的发展水平可以分为两个层次：一是现有的发展水平，即学习者能够独立完成任务的能力；二是潜在的发展水平，即在教师、企业导师或更有经验的同伴的帮助下能够达到的水平。学习者现有水平与潜在水平之间的区域就是最近发展区，即学习者在他人指导或协助下能够达到的认知或技能水平，这一水平是学习者独立完成任务时无法达到的。因此，该理论提出了一种新型的因材施教观，即教育者不仅要了解学生的实际发展水平，更要了解其潜在的发展水平，寻找最近发展区，把握教学最佳期，引导学生向潜在的最高水平发展。这就意味着“材”不再是单一的、静止不变的概念，而是动态的、发展的，教学应走在发展的前面，超前并引导学生的发展。这个观点无疑是非常有启发性的。

值得一提的是，该理论还提出了一个非常重要的概念——支架，即教师、企业导师或其他更有能力的学生为学习者提供暂时性的指导或支持，如搭建脚手架一般帮助他们逐步解决问题，掌握新知识和技能，进而跨越最近发展区。当学生的能力提升后，再逐渐撤去支架，让学生独立完成任务。

该理论对视频创作技能培养模式创新具有重要启示，具体体现在以下几个方面。

首先，教学目标应精准定位学生的最近发展区，即在学生现有水平与潜在发展水平之间设计教学任务。教师需根据学生当前的能力，设置具有一定挑战性但又在学生努力可及范围内的学习目标，帮助学生逐步提升技能水平。其次，教学过程应注重个性化指导。教师需关注学生的个体差异，为每个学生提供适合其发展水平的支持和帮助。通过“脚手架”式的教学方法，教师在学生遇到困难时给予适当的提示和引导，帮助学生跨越最近发展区，实现能力的提升。最后，教学评价应关注学生在最近发展区内的进步。评价不应仅关注最终作品的质量，更要注重学生在学习过程中的努力、进步和问题解决能力的提升。通过动态评价，教师可以及时调整教学策略，更好地支持学生的发展。

4.6 多元智能教学理论

多元智能理论是由美国心理学家霍华德·加德纳于1983年提出的教育心理学理论。该理论认为人类智能并非单一维度，而是由多种相对独立的智能组成，包括语言智能、逻辑数学智能、空间智能、身体运动智能、音乐智能、人际智能、自我认知智能、自然观察智能和存在智能等。该理论强调个体智能的多样性和差异性，主张教育应关注学生的个体差异，挖掘其多元智能潜力。

该理论对视频创作技能培养模式创新的启示主要表现在以下几个方面。

首先，教学应注重学生的个体差异，识别并利用学生在不同智能领域的优势。在数智技术的支撑下，可以尝试根据每位学生的兴趣和特长，设计个性化学习路径。例如，对于空间智能较强的学生，可以设计更多视觉化、场景化的学习任务，如视频拍摄与后期制作；对于音乐智能突出的学生，可以引入音乐剪辑与音效设计的实践。其次，教学活动应多样化，涵盖多种智能领域。教师可以结合语言智能、逻辑数学智能和人际智能，设计涵盖脚本创作、项目策划和团队协作的课程内容，帮助学生在跨智能领域的实践中增强综合能力。最后，评价方式应多元化，而非传统的单一评价标准。教师可以采用项目作业、口头报告、团队展示等多种评价方式，全面评估学生在不同智能领域的表现。

4.7　项目式教学理论

项目式教学是一种以学生为中心、以实际项目为载体的教学模式，旨在通过完成具有挑战性的任务，培养学生的问题解决能力、自主学习能力和团队协作能力。该理论强调学习过程的真实性与情境性，认为知识的建构应发生在实际应用中，而非仅停留在理论层面。项目式教学的核心在于将知识与技能的学习融入具体的项目实践中，让学生在完成项目的过程中主动探索、合作交流，并最终以成果的形式反映学习效果。

项目式教学理论主要体现在几个方面：第一，项目式教学始于一个真实或接近真实的问题，这类问题通常具有复杂性和多学科性质，学生需要通过研究和探索来解决，这不仅可以促进他们综合运用不同领域的知识，还激发了他们主动学习的动力；第二，学生在项目实施过程中拥有较大的自主权，包括选择研究方向、制订计划和分配任务等，这种自主性能够显著提高学生的参与感和责任感，使他们更加积极地投入项目中；第三，项目通常以小组形式开展，学生需要与同伴密切合作，共同解决问题，这一过程不仅锻炼了团队成员之间的沟通与协作能力，还培养了他们的团队精神；第四，项目式教学鼓励学生将不同学科的知识和技能进行整合，以解决复杂问题或完成综合性项目，这种跨学科的整合方式有助于学生构建更加全面的知识体系；第五，项目完成后，学生需要提交一个具体的成果并进行展示，同时对整个学习过程进行反思，成果展示不仅是对学习过程的总结，也是向外界展示学习效果的重要方式，而反思则有助于学生总结经验、发现不足，并持续改进，同时为未来的学习提供指导。

结合项目式教学理论，视频创作技能培养模式应进行以下改革和创新。

首先，视频创作专业教学应尽量以企业真实项目为驱动，将实际的视频创作项目引入课堂，推动教学与产业需求的深度对接。其次，教学内容应围绕项目需求、行业动态进行实时调整，使学生能够紧跟行业发展步伐。最后，教学评价应多元化，注重过程性与成果性相结合，通过项目完成度、企业反馈、学生自评与互评等方式，全面评估学生表现，并通过复盘总结经验教训，为后续教学提供参考。

4.8 自我调节学习理论

自我调节学习理论强调学习者在学习过程中主动监控，调节自身学习行为和认知过程。该理论认为学习者的成功不仅依赖于其智力水平，还与他们是否能够有效地管理自己的学习策略、动机和情绪密切相关。该理论的核心在于帮助学习者发展自主学习能力，使其能够在复杂多变的学习环境中主动适应、优化学习过程，从而提高学习效率，获得更好的学习成果。

自我调节学习理论通常包括 3 个关键要素：第一，动机调节，即学习者如何激发和维持学习动机，这涉及学习者对学习目标的设定、对任务价值的认同，以及对学习过程中遇到的困难的应对策略；第二，认知调节，即学习者在学习过程中对信息的加工、理解和应用，这包括选择合适的认知策略，如复述、精加工和组织策略，以提高信息的编码和存储效率，同时学习者还需监控自己的理解程度，及时调整学习方法，以确保学习目标的达成；第三，行为调节，即强调学习者对学习行为的管理和控制，这包括制订学习计划、合理安排学习时间、选择合适的学习环境及调整学习节奏等，通过行为调节，学习者能够更好地适应学习任务的要求，从而提高学习的自律性和效率。

自我调节学习理论的实施过程通常分为 3 个阶段，即计划阶段、执行阶段和反思阶段。在计划阶段，学习者根据学习任务的要求，设定目标、选择策略，并制订学习计划。这一阶段的学习者需要明确学习目标，评估任务难度，并根据自身情况合理安排学习时间和资源。在执行阶段，学习者将计划付诸实践，运用所选择的学习策略进行学习，并实时监控学习过程，及时调整策略，以应对学习中出现的问题。这一阶段的学习者需要具备高度的自我监控能力，能够敏锐地察觉到学习中的困难和偏差，并采取有效的调节措施。在反思阶段，学习者对整个学习过程进行回顾和总结，评估学习成果，反思学习策略的有效性，并为下一次的学习调整目标和策略。这一阶段的学习者通过反思能够不断优化学习方法，提高自我调节能力。

该理论为视频创作技能培养模式创新提供了重要启示，具体体现在以下几个方面。

首先，教学应注重目标设定与动机激发。教师需引导学生设定清晰且具有挑战性的学习目标，帮助学生明确学习方向，增强学习的主动性和内在动机。其次，在教学过程中应强化元认知策略的运用。教师需教授学生如何监控自己的学习进度，及时调整学习方法和策略。教师可以通过提供学习进度追踪工具和自我评估问卷，帮助学生更好地管理学习过程。再次，教学应注重反思与反馈机制。在视频创作课程中，教师应组织学生定期对项目进行复盘，通过小组讨论和教师点评，帮助学生发现自身在创作过程中的优点与不足，从而提升自我调节能力。最后，视频创作专业教学应高度重视数智工具的应用，选择和提供合适的技术工具，支持学生的自我调节学习。

4.9 支架式教学

支架式教学旨在通过提供适当的支持来帮助学生逐步掌握新知识或技能。该理论的核心概念源于最近发展区理论，强调教学应走在学生发展的前面，通过适当的支持帮助学生从现有水平迈向潜在的、更高的发展水平。

支架式教学的实施通常包括几个关键环节。首先，教师需要围绕学习主题搭建“支架”，即建立概念框架，这需要教师充分了解学生的知识水平和学习需求。其次，教师将学生引入与学习主题相关的情境中，通过问题情境激发学生的探索兴趣。再次，学生在教师的引导下进行独立探索，教师通过启发性问题或提示帮助学生逐步解决问题，随着学生能力的提升，教师逐渐减少支持。最后，通过协作学习和效果评价，帮助学生巩固所学知识，教师则根据评价结果调整教学策略。

支架式教学的核心在于通过关键要素的有机结合，为学生提供系统性的学习支持。首先，任务分解是支架式教学的起点，教师将复杂任务拆分为若干更小、更可管理的部分，帮助学生理解每个部分的具体要求，从而降低学习难度。例如，在影视制作教学中，教师可将影片制作过程分解为剧本创作、拍摄、剪辑等多个阶段。其次，教师通过示范扮演重要角色，展示如何使用特定工具、技术或方法，让学生通过观察理解任务要求，并掌握必要技能。再次，教师需及时提供反馈，定期与学生进行交流，指出其表现的优缺点，激励学生不断改进。最后，随着学生能力的提升，教师逐步撤去支持，让学生独立完成任务，培养其自信心和自主学习能力。

在视频创作专业教学中，可以通过以下方式有效应用支架式教学。

首先，教师需根据学生的现有水平搭建概念框架，将复杂的视频创作任务分解为若干更小、更可管理的子任务，如剧本创作、拍摄、剪辑、后期包装等。通过这种方式，学生能够逐步掌握每个阶段的技能，降低学习难度。其次，教师应为学生提供必要的示范和指导，帮助学生理解如何使用视频创作工具和技术。最后，随着学生能力的提高，教师应逐步减少对学生的支持，引导学生独立完成任务。

4.10 成果导向教学理论

成果导向教学理论是一种以学生学习成果为导向的教育模式，强调教育系统应围绕能够帮助学生在未来生活中取得实质性成功的经验来组织。成果导向教学理论的核心在于反向设计和正向实施，即从预期的学习成果出发，反向设计教学目标、内容和评价方式，再通过正向实施确保学生获得预期的学习成果。

成果导向教学理论的特点包括：强调“人人都能成功”，认为所有学生都能在学习上取得成功；注重个性化评定，根据学生个体差异制定评价标准，并适时进行评价，以掌握学生的学习状态；强调精熟，即每位学生都能精熟内容；强调绩效责任，学校应为学生的学习效果负责，并提供具体的评价及改进依据；强调从线性推进到循环改进的转变，注重教学全过程的持续改进，通过周期性评价形成的循环往复的评价改进机制，保证教学质量水平的提高。

成果导向教学理论的实施涉及多个关键环节：第一，明确学习目标，这些目标应清晰、具体、可衡量，并描述学生通过学习应掌握的知识、技能和素养；第二，合理设计教学内容，紧密围绕学习目标，注重理论与实践相结合；第三，灵活运用多样化的教学方法，如案例教学、项目教学等，以激发学生的学习兴趣；第四，科学评价学习效果，采用过程性评价与终结性评价相结合的方式，重视学生的自我评价和同伴评价。

在视频创作专业教学中，可以通过以下方式有效应用成果导向教育理论。

首先，教学目标应围绕学生毕业时应具备的能力展开，明确学生在视频创作领域需要掌握的知识、技能和素养，确保教学内容与行业需求紧密结合。其次，课程体系需进行系统优化，将课程内容与学习目标精准对接，构建能力递进、整体优化的课程模块，强化理论与实践的结合。再次，教学过程应注重持续改进，通过学生反馈、教学观察等方式，定期评估教学效果，并根据评价结果调整教学设计，实现学习效果的持续改进和循环提升。

前文介绍了多种经典的教育教学理论，这些理论是视频创作技能培养模式创新的理论基础和创意来源，对视频创作专业教学有较强的指导意义。但我们也应认识到，每种理论既有其优势，也不可避免地有其局限性。因此在实际应用中，教育者需要根据具体情况，合理选择，灵活运用。只有这样，我们才能从这些经典的理论中汲取应对变化的智慧。

5　高职教育的人才培养模式

5.1　高职教育

在当今快速变化的经济与社会环境中，高等职业教育作为培养高技能人才的重要途径，其人才培养模式的创新与实践显得尤为重要。高职教育不仅承担着为社会输送高素质技术技能人才的重任，还肩负着推动区域经济发展和产业结构升级的使命。随着新质生产力的不断发展，对高技能人才的需求日益增长，高职院校需要不断探索和创新人才培养模式，以适应新的社会需求和产业发展趋势。在此背景下，深入探讨高职教育人才培养模式的独特性，不仅有助于提升高职教育的质量和效益，还能为其他教育领域提供有益的借鉴和启示。

5.1.1　高职教育的历史沿革

高职教育的发展可以追溯到工业革命时期，当时为了满足工业生产对技术工人的需求，各种形式的职业培训开始兴起。随着时间的推移，这些培训逐渐发展成为更加系统化的教育体系。具体而言，高职教育的发展经历了 4 个主要阶段。

第一阶段，工业革命时期的职业培训。在 18 世纪末至 19 世纪初的欧洲，工业革命带来了生产方式的根本变革，机器生产取代了手工劳动，因此对操作机器的技术工人产生了巨大需求。这一时期的职业培训多以学徒制的形式存在，年轻人在师傅的指导下学习特定的手艺或技能。这种一对一的教学模式虽然有效，但效率较低且难以规模化。

第二阶段，20 世纪初期的职业教育制度建立。进入 20 世纪后，随着工业化程度的加深和社会经济的发展，各国政府开始重视职业教育的作用，逐步建立起正式的职业教育制度。例如，德国在 19 世纪末期引入了双元制教育模式，将学校教育与企业实习相结合，形成了一套完整的职业教育体系；美国则通过《史密斯-休斯法案》等立法措施，推动职业教育在全国范围内的发展。

第三阶段，二战后至 20 世纪末的扩张与发展。第二次世界大战结束后，全球经济复苏和技术革新推动了职业教育的进一步发展。许多国家加大了对职业教育的投资，扩大了招生规模，并引入了更多的专业领域。同时，随着终身教育理念的普及，成人继续教育和职业培训也得到了重视，为在职人员提供了提升技能的机会。

第四阶段，21 世纪的创新与转型。进入 21 世纪以来，信息技术革命和全球化浪潮给高职教育带来了前所未有的挑战和机遇。一方面，新技术的应用使得传统的教学方式和方法面临改革的压力。另一方面，全球化背景下的国际合作与交流也为高职教育的创新提供了广阔的空间。此外，面对快速变化的经济结构和就业市场，高职教育开始更加注重培养学生的创新能力、批判性思维及跨文化沟通能力。

5.1.2 高职教育的发展现状

5.1.2.1 成果与进展

近年来，全球高职教育取得了显著的成果与进展。首先，在教育模式上，各国根据自身的社会经济发展水平和产业结构特点，发展出了各具特色的高职教育模式。例如，北欧国家的双元制教育模式强调理论与实践相结合；美国的社区学院系统则以其开放性和灵活性著称；亚洲国家，如中国和韩国近年来大力推广产教融合模式，即教育机构与企业共同参与人才培养过程。其次，在国际化方面，越来越多的高职院校开始寻求国际合作与交流的机会，通过学生交换项目、教师互访、联合研究及课程共享等多种形式，拓展了学生的国际视野，提升了学生的跨文化交流能力。再次，信息技术的发展为高职教育带来了新的机遇，许多高职院校开始利用在线平台、虚拟实验室等技术手段来辅助教学，提高教学质量和效率。最后，终身学习理念的普及使得许多高职院校提供了灵活的学习路径和继续教育机会，鼓励毕业生不断更新知识和技能。

5.1.2.2 问题与不足

尽管高职教育在全球范围内取得了显著的成就，但仍面临一系列问题与不足。首先，技术变革带来的挑战不容忽视。新技术的应用要求高职教育不断更新教学内容和方法，以培养学生的数字素养和创新能力。然而，这对于许多传统院校来说是一个不小的挑战，需要投入大量的资源进行师资培训和设施升级。其次，经济波动的影响也不可忽视。全球经济的不确定性和不稳定性对高职教育产生了直接影响。经济衰退期间，企业招聘减少，导致毕业生就业难度增加。再次，资金短缺也可能限制高职院校的发展和改革。又次，社会认知度的问题仍然存在。尽管高职教育在培养实用技能方面发挥着重要作用，但在一些地区和社会群体中仍然存在偏见和误解。一些人认为高职教育不如普通高等教育有价值，这种观念影响了学生的选择和社会的支持力度。最后，教育资源分配不均也是一个严重的问题。不同地区之间，以及城乡之间的教育资源分配存在较大差距，经济发达地区和城市的高职院校通常拥有更好的师资力量和教学设施。

5.1.2.3 潮流与趋势

当前全球高职教育的发展趋势呈现出多元化和创新性的特点。第一，行业合作与实践导向成为高职教育的核心趋势。全球高职教育越来越强调与行业的紧密合作，通过建立强大的校企伙伴关系，确保课程内容与市场需求保持一致。同时，工作基础学习（如学徒制或合作教育）成为许多项目的必备环节，为学生提供毕业前的真实工作经验。第二，新技术与数字化整合正在重塑高职教育的形态。从虚拟现实和增强现实技术到人工智能驱动的学习平台，新技术被广泛应用于模拟真实工作环境，提供互动式学习体验。这种整合不仅提高了学习的灵活性和可及性，还为学生提供了适应数字化职场的必要技能。第三，可持续发展与绿色技能的融入成为高职教育的重要方向。随着全球对可持续发展关注的增强，高职教育开始将绿色技能纳入课程体系，以培养适应绿色经济的劳动力。第四，灵活学习模式的兴起满足了不同学生群体的需求。越来越多的高职教育项目提供兼职、在线和混合式学习模式，使学生能够在学习的同时平衡工作和其他责任。第五，国际化的学习体验成为高职教育的新趋势。通过国际实习、海外学习项目，以及国际认证的资格证书，学生能够获得更广阔的全球视野，并提升跨文化交流能力。第六，终身学习和技能提升的理念贯穿于高职教育的全过程。全球劳动力市场的快速变化要求从业者不断更新技能，高职教育因此更加注重为学生提供持续学习的机会，以适应职业发展的需求。

5.2 人才培养模式

5.2.1 人才培养模式的概念与内涵

《关于深化教学改革，培养适应 21 世纪需要的高质量人才的意见》（教高［1998］2 号）中指出："人才培养模式是学校为学生构建的知识、能力、素质结构，以及实现这种结构的方式，它从根本上规定了人才特征并集中地体现了教育思想和教育观念。"人才培养模式的内涵具体包括以下几个方面。

第一，培养目标和人才规格。在相关教育理念的指导下，教育者依据社会经济发展、行业需求、学科特点及学生个性发展需要等因素，确定明确的培养目标，细化到人才所应具备的知识、技能、素养等具体规格要求。

第二，教学内容和课程体系。具体来说，就是为了实现培养目标而制定的具体计划和措施，包括教学计划、教学大纲、教材选用等，围绕培养目标和人才规格，整合优化教学内容，搭建科学合理的课程体系。

第三，培养方法。主要包括教学方法、教学手段和教学组织形式等，这是实现培养目标的关键。案例教学法、项目驱动教学法、线上线下混合式教学法等教学方法，以及多媒体教学、虚拟仿真教学等现代教育技术手段等都是重要的培养方法。

第四，培养途径。主要包括理论教学、实践教学、校企合作、产教融合等多种形式，这是人才培养模式的实施路径。

第五，管理制度和评估方式。主要包括教学管理、学生管理、质量管理等，这是保障人才培养模式有效运行的重要环节。对人才培养质量的评估和反馈是人才培养模式调整和优化的依据。

对人才培养模式的研究常着眼于不同的层面。宏观层面，主要涉及国家或地区的教育政策、教育战略等对人才培养的整体导向。中观层面，聚焦于学校或专业层面的规划与实施，即各院校根据自身定位、资源禀赋，以及区域经济社会环境，构建具有本校特色的人才培养模式。微观层面，主要体现在具体的课程教学、实践活动，以及师生互动等日常教学环节中，教师在课堂上采用的教学方法、组织的教学活动，以及对学生个体的指导等都是人才培养模式在微观层面的具体体现。

5.2.2 高职教育人才培养模式的独特性

职业教育蓬勃发展的当下，高职教育作为类型教育的重要组成部分，其人才培养模式的独特性愈发凸显。高职教育并非普通教育的附属，而是一种具有独立价值的教育类型。它以职业需求为导向，以实践能力培养为核心，致力于为社会输送高素质技术技能型人才。这一教育类型的本质决定了其人才培养方式必须突破传统教育的框架，充分彰显自身特色。高职教育者应深刻认识到类型教育的内涵，摒弃传统教育思维的束缚，树立类型教育意识，积极探索与之相适应的人才培养模式。只有这样才能真正发挥高职教育的优势，满足社会对多样化人才的需求，推动高职教育在类型教育的道路上行稳致远。

具体而言，高职教育人才培养模式的独特性主要体现在以下几个方面。

第一，高职教育的核心特征是其职业性与实践性。与普通高等教育不同，高职教育更注重培养学生的实际操作能力和职业素养，以满足行业和企业对高技能人才的需求。这种教育模式强调工学结合，通过校企合作、顶岗实习等方式，使学生在真实的工作环境中学习和实践。

第二，产教融合是高职教育的重要特色之一。高职院校与企业建立紧密的合作关系，共同制定人才培养方案，开发课程资源，并建设实习实训基地。这种合作模式不仅使教育内容与企业实际需求紧密结合，还为学生提供了丰富的实践机会，提高了学生的就业能力。

第三，高职教育中的专业设置不是孤立的学科专业，而是与真实的职业群或岗位群相对应。专业群建设是高职院校应对产业集群化发展的重要举措，通过打破专业之间的壁垒，建立专业间的内在联系与协同机制，构建一体化的教学团队和教学资源体系。这种模式有利于培养复合型技术技能人才，从而满足企业对多样化技能的需求。

第四，高职院校需要一支数量充足、专兼结合、结构合理的高水平“双师型”教师队伍。“双师型”教师不仅需要具备扎实的专业理论知识，还需要具有丰富的实践经验，能够将理论与实践相结合，为学生提供高质量的教学活动。这种师资队伍的建设体现了高职教育对教师能力素质要求的独特性。

第五，高职教育的课程体系具有较强的灵活性和模块化特征。课程内容根据行业需求和技术发展不断更新，以确保学生所学知识与实际工作需求相匹配。模块化课程体系允许学生根据自己的兴趣和发展方向选择相应的课程模块进行学习。

第六，高职院校主要面向地方经济和行业需要，担负着为当地经济和社会培养生产一线技术应用型人才的任务。这种服务区域定位使得高职教育能够更好地适应地方经济发展的需求，为区域经济的转型升级提供人才支持。

第七，高职教育的人才培养模式具有动态性，能够随着社会变革和科技发展不断调整和创新。例如，通过现代学徒制等创新模式，探索招生即招工、入校即入厂、校企联合培养的人才培养路径。这种动态调整和创新机制使得高职教育能够及时适应人才市场需求的变化，培养出符合时代要求的高素质技术技能人才。

在明确了高职教育作为类型教育的定位后，其人才培养模式的独特性便成为理论研究与实践探索的核心议题。当前，高职教育在课程体系构建、教学方法创新，以及校企合作深化等方面已取得了显著成果和进展，这得益于各方面强化了类型教育意识，以及对适合高职教育的人才培养模式的持续探索。然而，这一领域的研究与实践仍处于动态发展之中。面对产业变革和技术更新的加速，高职教育人才培养模式需不断优化，以适应新的挑战。未来的研究应聚焦于如何进一步完善现有模式，以更好地满足社会对高素质技术技能型人才的需求，从而推动高职教育在类型教育框架内实现高质量发展。

6 产教融合背景下视频创作人才培养的目标与规格

随着数字媒体的迅猛发展和文化产业的日益繁荣，影视行业正经历着前所未有的变革与重塑，从传统电影、电视剧制作到新兴的网络视听内容创作，从线下影院放映到线上流媒体平台分发，影视行业的边界不断拓展，业态愈发多元，对专业人才的需求也日益呈现出精细化、复合型的特征。高职院校视频创作专业作为视频创作人才培养的重要阵地之一，如何紧密对接行业需求、顺应社会经济发展潮流、精准定位人才培养目标，成为亟待深入研究与探索的关键课题。

在高职院校的教育体系中，培养目标作为人才培养模式的核心组成部分，对于指导教学活动、评估学习成效及促进学生全面发展具有至关重要的作用。下面我们将依据社会经济发展、行业需求、学科特点及学生个性发展需要等因素，从知识目标、能力目标、素质目标等 3 个方面，详细阐述高职院校视频创作人才的培养目标与规格。

6.1 人才培养目标概述

6.1.1 知识目标

知识目标是指教育过程中期望学生获得的特定学科领域或专业技能的理论知识与实践经验。它不仅涵盖了基础理论知识，还包括专业知识与技能，即与职业岗位直接相关的专业理论、技术原理、行业标准及实践操作规范等。

知识目标的重要性不言而喻。首先，知识目标是学生获取职业技能的前提，只有具备扎实的专业知识，学生才能在实践中准确地运用技能，提高工作效率和质量。其次，知识目标有助于学生构建完整的知识体系，使其在面对复杂问题时能够运用多学科知识进行综合分析和解决，提升职业竞争力。最后，知识目标还可以为学生的终身学习提供动力和方向，在知识更新换代迅速的今天，学生凭借在学校所学的知识基础，能够更快地学习新知识、新技术，适应职业需求的变化，实现可持续发展。在高职院校人才培养模式中，知识目标占据着举足轻重的地位，可以说，它是构建学生专业素养的基石。

高职院校人才培养的知识目标通常可以分为以下几类。

6.1.1.1 公共基础类知识

这类知识是学生必须掌握的基本文化素养，可以为学生的全面发展奠定基础，如思想政治理论、大学语文、高等数学等。

6.1.1.2 专业基础类知识

这类知识是学生进入专业学习前必须掌握的基础理论，可以为后续的专业课程学习提供支撑，如机械制图、电路基础、工程力学等。

6.1.1.3 专业知识与技能类知识

这类知识是学生从事职业岗位所需的专业知识和技能，强调理论与实践相结合，如数控加工技术、汽车发动机维修、电子商务运营等。

6.1.1.4 行业前沿与拓展类知识

这类知识可以帮助学生了解行业最新动态和技术前沿，增强其适应未来发展的能力，如智能制造技术、新能源汽车技术、大数据分析等。

6.1.1.5 跨专业与通识类知识

这类知识旨在拓宽学生视野，提升学生综合素质，培养学生跨领域的学习能力，如创新创业基础、艺术鉴赏、心理健康教育等。

6.1.2 能力目标

能力目标是指学生在学习过程中应形成的各种技能和能力，其更侧重于学生如何运用所学知识解决实际问题，以及在职业生涯中持续学习和自我提升的能力。在现代社会，单纯的知识积累已经不能满足职场的需求，雇主更看重的是应聘者的实际工作能力和独立解决问题的能力。因此，能力目标可以视为连接知识与职业实践的桥梁，它直接影响着学生的就业竞争力和职业发展潜力。可以说，高职教育与普通高等教育最大的区别就体现在对能力目标的设定上。

高职院校人才培养的能力目标通常可以分为以下几类。

6.1.2.1　技术应用能力

这类能力是指学生将专业知识转化为实际操作技能的能力，可以解决实际工作中的问题，如机械加工操作、电子设备调试、软件编程与测试等。

6.1.2.2　职业核心能力

这类能力是学生从事职业活动所必需的基本能力，可以帮助其快速适应岗位需求，如团队协作能力、沟通能力、岗位操作规范等。

6.1.2.3　创新能力与问题解决能力

这类能力是指学生在工作中发现问题并创造性地解决问题的能力，可以培养其创新思维，如产品设计优化、工艺改进、故障排除等。

6.1.2.4　可持续发展能力

这类能力是指学生在职业生涯中持续学习和自我提升的能力，可以适应技术更新和职业发展，如自主学习能力、技术更新适应能力、职业发展规划能力等。

6.1.2.5　国际视野与跨文化交流能力

这类能力是指学生在全球化背景下具备跨文化沟通和国际交流的能力，如外语应用能力、跨文化商务沟通、国际行业标准等。

6.1.3　素质目标

素质目标是指在教育过程中，期望学生通过学习和实践所达到的道德品质、职业素养、心理素质及人文修养等方面的提升。它关注的是学生的全面发展，旨在培养具有高尚品德、良好职业素养、健康心理素质和深厚人文底蕴的高素质人才。素质目标是学生全面发展的保障，是人才培养的最高境界，它关乎学生的品德修养、人格完善和终身幸福。具备良好素质的学生能够在工作中更好地适应社会，具备更强的竞争力和可持续发展能力。

高职院校人才培养的素质目标通常可以分为以下几类。

6.1.3.1 思想政治素质

这类素质是指学生在思想道德和政治觉悟方面的素养，是立德树人的核心，如政治认同、道德修养、职业精神等。

6.1.3.2 职业素质

这类素质是指学生在职业岗位上应具备的职业道德和职业行为规范，如敬业精神、责任心、团队合作精神等。

6.1.3.3 人文素质

这类素质是指学生在人文关怀、审美能力和文化修养等方面的表现，如文化知识、艺术修养、人文关怀等。

6.1.3.4 身心素质

这类素质是指学生在身体健康和心理健康等方面的综合表现，如健康体魄、心理调适能力、抗压能力等。

6.1.3.5 创新创业素质

这类素质是指学生在创业意识和创新实践能力等方面的表现，如创业意识、创新思维、商业计划书撰写等。

6.1.3.6 行业特有素质

这类素质是指学生在特定行业背景下应具备的行业规范和职业精神，如工匠精神、劳模精神、行业规范意识等。

6.2 高职视频创作人才的培养目标

在当今影视行业蓬勃发展的时代背景下，构建科学合理且具有高度实操性的视频创作人才培养目标体系成为高职院校影视教育的重要前导任务。目前，国内部分高职院校视频创作专业在制定人才培养目标方面尚存在诸多不足。首先，目标不够具体明确，缺乏对学生的精准定位，没有明确学生毕业后应具备的具体技能和知识水平，导致教学内容和实践环节缺乏针对性。例如，一些院校的人才培养目标过于笼统，仅强调培养影视制作人才，而未细化到具体的岗位技能，如视频剪辑、特效制作、摄影摄像等。其次，目标的可衡量性不足，没有明确的行为动词来描述学生应达到的行为标准，难以量化评估学生的学习成果。例如，培养目标中提到学生要掌握影视制作技术，但未说明具体掌握到何种程度，如完成特定难度的项目作品等。最后，培养目标制定时对条件和程度的考量不够，未充分考虑学生完成目标所需的资源、时间和环境等条件，以及目标达成的程度要求，这可能导致教学资源分配不合理，学生在有限的时间内难以达到预期目标，或者目标过高或过低，影响学生的学习积极性和教学质量。

针对上述不足，本书在梳理视频创作人才的培养目标体系时引入了教育界颇为权威的 ABCD 目标陈述法与布鲁姆教育目标分类法。

ABCD 目标陈述法是一种使目标清晰明确的方法，它通过设定受众、行为、条件和程度等 4 个维度，使目标具体、可衡量、可达成且有时间限制，从而为行动提供明确指引，常用于教育、培训等领域，有助于提高目标达成的效率和效果。ABCD 目标陈述法由四要素构成，其含义如表 6-1 所示。

表 6-1　ABCD 目标陈述法的四要素

要素	含义
A（Audience）	目标受众，即目标的主体，明确是哪些人需要达到该目标
B（Behavior）	受众需要完成的具体行为，用可观察、可测量的动词描述
C（Condition）	受众完成行为时所处的条件或环境，包括时间、地点、工具、辅助材料等
D（Degree）	受众完成行为后所要达到的程度或标准，可量化或具体描述

例如，一个完整的目标陈述可以是：高职院校视频创作专业大一学生（A）在本学期期末前（C），使用手机和学校提供的视频剪辑软件，围绕校园

生活主题，拍摄并剪辑一段时长为 1 至 2 分钟的校园生活短视频（B），视频内容积极向上，画面稳定清晰，剪辑流畅自然，能够准确表达校园生活的一个侧面，且在班级作品展示中获得同学点赞数超过 30 次（D）。

布鲁姆教学目标分类法是一种广泛应用于教育领域的教学目标设定方法，由美国教育心理学家本杰明·布鲁姆于 1956 年提出。该分类法将教学目标分为 3 个主要领域，即认知、情感和技能。其中，认知领域涵盖了从简单记忆到复杂创造的 6 个层次，包括记忆、理解、应用、分析、创造和评价，这些层次反映了学习者在认知过程中的不同阶段，可以帮助教师明确学生应达到的认知水平；情感领域关注学生情感态度的变化与价值观的形成，包括接受、反应、价值化、组织和性格化等层次，这些层次有助于培养学生的情感素质和价值观；技能领域则聚焦于学生动作技能、心智技能及自我管理技能的培养，涉及感知、准备、有指导的反应、机械动作、复杂的外显反应、适应和创新等层次，这些层次可以帮助学生逐渐熟练地掌握各种技能。

通过上述分类，布鲁姆教学目标分类法为教师提供了一个清晰的框架，可以帮助他们设计出既符合学生认知发展规律，又能促进学生全面发展的教学目标。

笔者在使用 ABCD 目标陈述法描述项目 B（具体行为）时，使用了布鲁姆教学目标分类法。具体使用方法是在描述项目 B（具体行为）时，尽量从布鲁姆认知领域目标常用动词列表中选择可观察、可测量的常用动词，以描述学生应完成的具体行为。

表 6-2　布鲁姆认知领域目标常用动词列表

学习目标的层次	定义解释	常用的行为动词
记忆	关注学生对具体事实、术语和基本概念的记忆与回忆能力。这一层次是学习过程的基础，确保学生掌握必要的信息以支持后续更高层次的学习	定义、识别、列举、说出、写出、复述、背诵、辨认、回忆、描述、陈述
理解	理解并能解释所学的知识，能够用自己的话阐述概念和原理。这一层次强调对知识的深入理解，为后续的应用和分析打下坚实的基础	解释、说明、概述、总结、举例、识别、定位、翻译、选择、归纳、分类
应用	要求学生将所学知识运用到新的情境中，解决实际问题。这一层次涉及将理论知识转化为实践操作能力，是检验学生是否真正理解并能够使用所学知识的关键步骤	应用、使用、解决、展示、演示、操作、实施、执行、运用、证明
分析	要求学生分解材料，识别其组成部分，以及各部分之间的关系。学生需要批判性地思考信息，区分事实与观点，评估论据的有效性，这是培养高级思维技能的重要环节	对比、区分、辨别、评估、分析、推理、检查、检验、分解、调查、识别、评价
创造	学生需要创造性地将不同的信息、概念或理论结合起来，形成新的理解、解决方案或产品。这一层次要求学生展现出创新能力和原创性，能够超越现有的知识框架进行思考	创造、设计、构建、整合、计划、提出、开发、组合、建立
评价	学生需要根据一定的标准或准则来判断信息、论点或作品的价值。这一层次要求学生具备批判性思维能力，能够基于证据和逻辑做出合理的判断，是学习过程中发展高阶思维能力的终极目标	评估、判断、辩护、推荐、预测、鉴定、核查、批判、评论、支持

笔者对多个视频创作相关专业、相关课程进行了系统性的研究，收集了来自多个院校、专业、课程的专业人才培养方案和课程标准，并借助 ABCD 目标陈述法与布鲁姆教学目标分类法，对视频创作相关专业领域的人才培养目标进行了整理，形成了一套系统的高职视频创作人才教学目标清单。

6.2.1 高职视频创作人才培养的知识目标

学生能够在给定影视项目情境下，列举并详细解释影视制作的全流程，涵盖前期策划（包括市场调研、选题创意、剧本创作、拍摄计划制定等）、拍摄（包括设备运用、拍摄技巧、场景布置等）及后期制作（包括剪辑、特效、调色、合成、声音处理等）各环节的关键要点与相互关系。

学生能够在无提示条件下，准确说出影视剧剧组主要岗位（如导演、编剧、摄影师、剪辑师、灯光师、音效师、演员等）的名称，并精确阐述各岗位在影视制作中的核心职责与工作流程。

学生能够识别并列举影视制作中常用的拍摄设备（如摄像机、镜头、三脚架、稳定器、灯光设备等），并能针对每种设备详细说明其基本功能、适用场景及操作要点。

学生能够在分析不同影视作品案例后，清晰描述并准确区分电影、电视剧、纪录片、广告等多种类型影视作品的特点（如叙事结构、表现手法、时长、受众群体等）及其独特的制作要求。

学生能够在影视专业交流或项目讨论中，准确识别并熟练运用影视制作的常用技术术语和概念（如帧率、分辨率、景深、蒙太奇、非线性编辑等），确保沟通顺畅且专业。

学生能够在研读影视剧本后，深入分析并完整解释影视剧本的结构要素，包括开端如何引发故事、发展如何推进情节、高潮如何营造紧张氛围、结局如何收束故事等，并能结合具体剧本实例进行说明。

学生能够在观看影视片段后，迅速识别并准确说明不同影视镜头景别（如远景展示环境全貌、全景呈现人物与环境关系、中景表现人物动作姿态、近景突出人物表情细节、特写聚焦关键物体或部位）的特点及其在叙事、情感表达和视觉效果上的作用。

学生能够在观看经典影视作品后，全面回忆并详细复述其中关键情节的镜头语言运用方式，包括景别切换规律、构图设计意图（如对称构图、三分构图、引导线构图等的运用）、运镜技巧（如推、拉、摇、移、跟等镜头运动的效果）及其对影片氛围和主题表达的强化作用。

学生能够在剖析特定视频作品后，精准说出创作者的独特创作风格特点，涵盖镜头运用偏好（如长镜头、短镜头的运用习惯，以及镜头组接节奏等）、叙事节奏把控（如快节奏推进情节，或慢节奏营造氛围）、主题表达深度与方式等方面，并列举具体片段作为例证。

学生能够在学习影视剪辑课程后，熟练描述影视剪辑的基本原则（如流畅性、逻辑性、节奏感等）与常用技巧（如匹配剪辑保证动作连贯、节奏剪辑营造情绪氛围、跳切制造紧张感等），并能通过实际剪辑案例进行分析讲解。

学生能够在接触影视后期制作软件资料后，准确识别并详细描述主要软件（如 Adobe Premiere Pro、After Effects、DaVinci Resolve 等）的功能特性（如剪辑功能的高效性、特效制作的丰富性、调色工具的专业性等）、适用场景（如电影制作、电视节目后期、短视频创作等）及优势劣势对比。

学生能够在查阅资料后，撰写至少 3 种不同视频特效软件（如 Maya、3ds Max、Blender 等用于三维特效制作，或 Nuke 用于节点式合成特效）的深度优势与劣势对比分析报告，内容涵盖功能多样性、操作复杂程度、对硬件资源的要求、行业应用范围等方面，并能提出合理的选择建议。

学生能够在完成影视后期合成课程学习后，详细描述影视后期合成中图层（如利用图层进行元素分层管理与叠加效果制作等）、蒙版（如通过蒙版实现精准的图像遮罩与融合效果）、关键帧（如运用关键帧创建动态变化效果）等工具的使用方法、作用原理及在实际项目中的应用技巧。

学生能够在学习影视灯光知识后，深入解释影视灯光的三基色原理（即红、绿、蓝 3 种颜色光通过不同比例混合产生各种色彩）及其在拍摄中的关键应用（如通过调整灯光颜色和强度营造不同氛围、塑造人物形象、突出场景重点等），并能结合实际拍摄场景进行分析。

学生能够在学习影视声音设计课程后，全面列举影视声音设计的三大要素（即对白传递信息与塑造人物、音乐烘托氛围与表达情感、音响效果增强真实感与环境感），并详细解释其在影视作品中的重要性及相互配合关系，通过实例说明不同要素的运用效果。

学生能够在研究影视叙事理论后，透彻解释影视叙事的基本模式（如线性叙事按时间顺序讲述故事，以及非线性叙事通过回忆、倒叙、插叙等打乱时间线增强故事张力等）及其在不同类型影视作品中的运用效果与创作意图，并结合经典作品进行分析。

学生能够在观看影视拍摄片段后，准确识别不同影视拍摄角度（如平拍营造客观视角、仰拍突出主体高大威严、俯拍展示场景全貌或人物渺小感等），并详细说明其产生的视觉效果及对观众情感和心理的影响，通过对比不同角度拍摄的同一场景进行阐述。

学生能够在学习影视包装课程后，详细描述影视包装的完整流程，包括创意构思阶段的灵感来源与主题确定、素材收集渠道与筛选标准、设计制作过程中运用的软件工具（如 Adobe Photoshop、Illustrator 等）及其技术技巧（如字体设计、色彩搭配、图形创意等），并能展示实际包装作品案例。

学生能够在学习影视场景设计知识后，详细描述影视场景设计的基本原则（如风格统一确保视觉协调、空间合理满足剧情与拍摄需求、细节丰富增强真实感等），并能通过分析经典影视作品场景设计案例，阐述这些原则的具体应用与效果。

学生能够在学习影视后期调色课程后，深入解释影视后期调色的基本原理（如通过调整色温改变画面冷暖色调、控制饱和度增强或减弱色彩鲜艳度、调节对比度提升画面层次感等）及其在营造影片氛围、塑造风格和引导观众情感等方面的重要作用，并结合实际调色案例进行演示。

学生能够在学习影视色彩搭配知识后，系统列举并详细解释影视色彩搭配的基本规律（如互补色搭配增强视觉冲击、邻近色搭配营造和谐氛围、色彩象征意义在不同文化背景下的运用等），并能通过分析影视作品中的色彩运用实例，说明这些规律的实际效果。

学生能够在学习影视美学课程后，全面列举并深入解释影视美学的基本原则和重要观点（如形式美法则在画面构图中的体现、意境美在影片主题与氛围营造中的追求、真实美与艺术美的平衡等），并能运用这些原则和观点对影视作品进行审美分析与评价。

学生能够在研究影视新媒体运营领域后，详细列举影视新媒体运营的主要平台（如抖音的短视频社交优势、快手的多元内容生态、B站的二次元文化特色与长视频创作氛围等），并深入说明各平台的用户群体特点（如年龄层次、兴趣爱好、消费习惯等）、内容传播规律及运营策略要点，结合实际运营案例进行分析。

学生能够在学习影视项目策划知识后，详细解释影视项目策划的基本步骤，包括全面深入的市场调研方法（如受众需求分析、竞争对手研究、行业趋势洞察等）、创意构思的激发途径与筛选标准、方案撰写的规范结构与重点内容（如项目概述、市场分析、制作计划、预算分配、预期收益等），并能通过模拟策划项目进行实践展示。

学生能够在学习影视摄影构图知识后，熟练描述影视摄影构图的基本法则（如三分法则确定画面重点分布、黄金分割法则营造视觉美感、框架式构图引导观众视线等）及其在不同拍摄场景和题材中的灵活应用技巧，并通过实际拍摄作品分析构图效果。

学生能够在学习影视音乐知识后，全面列举影视音乐的类型（如主题曲奠定影片主题基调、插曲推动情节发展与情感升华、背景音乐营造氛围与增强情绪感染力等），并详细说明各类音乐在影视中的具体作用与配合方式，结合经典影片音乐片段进行赏析。

学生能够在学习影视短视频创作知识后，详细描述影视短视频的完整创作流程，包括从生活、热点、兴趣等多方面进行选题的思路与方法、拍摄过程中的设备运用与技巧（如手机拍摄技巧、简单灯光布置等）、剪辑环节的快速高效处理（如利用手机剪辑软件或简易电脑剪辑软件等）及发布平台的选择与推广策略，并通过实际创作短视频案例进行讲解。

学生能够在观看影视片段后，准确识别并深入解释不同类型的镜头语言（如主观镜头传达角色视角、客观镜头呈现中立场景、隐喻镜头蕴含深层寓意等）及其表达效果与叙事功能，并通过对比分析运用不同镜头语言的片段进行说明。

学生能够在学习影视行业法规课程后，深刻理解影视行业的基本法律法规（如版权法对影视作品创作与传播的保护与限制、广告法在影视广告制作中的约束等）和伦理规范（如尊重文化差异、避免过度暴力色情内容、保护演员权益等），并能结合实际案例说明其在影视制作、发行、传播等环节中的具体应用与重要性。

学生能够在学习影视版权知识后，全面复述影视制作中的核心法律法规和行业标准（如国际版权条约、国内版权登记流程、影视作品合理使用与侵权判定标准等），并能通过实际案例详细说明其在影视创作、改编、传播等工作中的应用场景与操作要点，培养学生的版权意识和法律素养。

学生能够在阅读专业英文文献后，准确翻译或深入解释其中与影视制作相关的术语和概念（如 Shooting schedule——拍摄日程表、Storyboard——分镜头脚本、Green screen——绿幕等），并能运用这些英文知识进行国际影视资讯交流与学习，提升学生的专业英语能力，拓宽国际视野。

学生能够在关注影视行业动态后，深入理解并详细解释影视版权的基本知识（如版权归属原则、版权转让与授权流程、版权保护期限与范围等）及其在影视产业经济中的核心地位与影响，结合影视市场版权交易案例进行分析，培养学生的版权经济意识。

学生能够在研究影视市场趋势后，清晰说明短视频的基本趋势（如内容多元化、形式创新化、传播社交化等）和发展方向（如技术驱动的高清化、沉浸式体验发展、垂直领域深耕等），并能结合行业数据和案例进行论证分析，为影视创作与新媒体运营提供前瞻性指导。

6.2.2　高职视频创作人才培养的能力目标

学生能够在给定的影视拍摄任务和时间限制内，熟练操作指定的拍摄设备（如专业摄像机、高清数码相机等），根据拍摄主题和创意要求，运用多种拍摄技巧（如不同景别组合、运镜方式、光线运用等），独立完成一段主题明确、画面质量高、时长不少于 3 分钟的视频拍摄素材，且素材在构图、光影、色彩等方面符合基本的影视审美标准。

学生能够根据给定的影视剧本或故事梗概，结合拍摄场地和预算条件，独立设计出详细且合理的拍摄分镜头脚本，包括镜头序号、景别、画面内容、运镜方式、时长、拍摄地点、音效等要素，确保脚本能够准确地将剧本内容视觉化，并为拍摄工作提供清晰的指导。

学生能够在影视前期策划阶段，独立完成一个具有一定创新性和可行性的简单影视项目选题策划报告，报告内容涵盖全面深入的项目背景调研（包括市场需求分析、竞争态势评估、文化社会背景研究等）、精准明确的目标受众定位（如年龄、性别、兴趣爱好、消费习惯等）、引人入胜的故事梗概创作（具备清晰的情节线、鲜明的人物形象和独特的主题）、详细合理的拍摄计划制订（包括拍摄时间安排、拍摄地点选择、拍摄设备与人员调配等），并能在团队讨论中清晰、有条理地阐述策划思路和亮点，获得团队成员的认可和支持。

学生能够在影视表演实践课程中，通过系统的模仿练习和专业指导，熟练掌握基本的表演技巧（如表情控制、肢体语言表达、台词发声与情感传递等）；能够在简单的剧情片段（如短剧、小品或影视片段模仿等）中准确、生动地诠释角色的情感变化、性格特点和行动逻辑，展现出自然流畅且具有感染力的表演能力，获得观众或指导教师的积极反馈。

学生能够在影视项目实践中，根据复杂多变的拍摄场地实际情况（如空间限制、光线条件、环境干扰等）和多样化的拍摄需求（如不同类型影片的拍摄风格、特殊场景的拍摄要求等），灵活、精准地选择和运用合适的拍摄设备（包括不同型号的摄像机、镜头、辅助设备等）和拍摄技巧（如特殊拍摄角度运用、低光拍摄技巧、动态场景拍摄方法等），有效克服场地限制和技术难题，高质量地完成拍摄任务，确保拍摄素材的质量和完整性符合项目要求。

学生能够熟练操作主流的剪辑软件（如 Adobe Premiere Pro 等），在规定时间内对给定的视频素材进行高效、精准的剪辑、拼接、转场等处理；能够根据影片的叙事节奏和情感氛围需求，运用合适的剪辑技巧（如节奏剪辑、情绪剪辑、逻辑剪辑等），制作出一个情节流畅、节奏合理、逻辑清晰、时长不少于 5 分钟的视频作品，且作品在剪辑点的选择、镜头组接的流畅性、转场效果的自然性等方面达到较高的专业水准。

学生能够在规定时间内，熟练运用相关视频特效软件（如 Adobe After Effects 等），为给定的视频片段添加至少 5 种不同类型且具有较高质量和创意的特效（如逼真的三维特效、细腻的粒子特效、独特的转场特效、风格化的滤镜效果等），并能通过精细的参数调整和巧妙的设计，使特效与视频内容自然融合、相得益彰，显著提升视频的视觉吸引力和艺术感染力，满足不同类型影视作品（如科幻片、奇幻片、广告片等）的特效需求。

学生能够在影视项目后期制作中，熟练运用专业的图像质量优化工具和技术（如 Adobe Photoshop、DaVinci Resolve 等软件中的降噪、锐化功能），对视频素材进行细致的降噪、锐化等图像质量优化处理；能够根据不同的视频素材特点（如拍摄设备的画质特性、拍摄环境的影响等）和项目的输出要求（如高清、超高清、网络播放、影院放映等），合理调整优化参数，使处理后的视频画面清晰细腻、色彩准确、无明显噪点和瑕疵，符合相应的播出或展示标准。

学生能够在影视后期合成任务中，熟练运用图层、蒙版、关键帧等工具，在复杂的项目场景下，将不同来源、不同格式、不同类型的视频元素（如实拍素材、动画素材、特效素材等）、音频元素（如背景音乐、音效、对白等）和字幕元素进行高效、精准的合成，制作出一个完整、流畅、视觉效果震撼且音频与视频完美同步的影视片段，确保合成后的作品在技术层面和艺术层面都达到较高的专业水平，满足影视制作的高质量要求。

学生能够根据影视剧本的情节和氛围需求，灵活运用灯光和布景技巧（如不同类型灯光的组合运用、场景道具的布置与搭配等），营造出逼真、生动且富有感染力的影视作品氛围和情绪；能够通过灯光的颜色、强度、角度调整和布景的细节设计，准确地传达剧本中的时间、空间、情感等信息，增强影视作品的艺术表现力和观众的情感共鸣。

学生能够根据剧本和导演的具体要求，在影视表演或指导演员表演过程中，准确地把握角色的性格特点、情感变化和行动逻辑，运用有效的表演指导方法（如情绪引导、动作示范、台词分析等），帮助演员提升表演质量，使演员能够生动、自然地诠释角色，确保其表演符合影片的整体风格和艺术要求，为影视作品的成功创作提供有力的表演支持。

学生能够熟练操作专业的音频编辑软件（如 Adobe Audition 等），对影视声音素材（如实地录制的环境音、演员对白、音乐素材等）进行全面的采集、精细的编辑（如剪辑、混音、降噪等）和精准的混音处理；能够根据影视作品的类型（如剧情片、纪录片、动画片等）、情节发展和情感氛围需求，合理调整声音的音量、音色、空间位置等参数，使声音效果丰富多样、层次分明、与画面完美匹配，增强影视作品的听觉感染力和真实感。

学生能够在限定的拍摄条件和创作要求下，巧妙地运用不同的拍摄角度（如平拍、仰拍、俯拍、斜拍等）和景别（如远景、全景、中景、近景、特写等），拍摄出具有强烈视觉冲击力和独特艺术感染力的画面；能够通过角度和景别的创新组合与运用，突出主体、营造氛围、引导观众视线，为影视作品的视觉叙事和艺术表达提供有力的支持，提升作品的观赏性和专业性。

学生能够与其他团队成员有效沟通，协同完成影视项目。

学生能够依据影视叙事的各类模式（如线性叙事、非线性叙事、多线叙事等），独立创作出情节跌宕起伏、结构严谨合理、人物形象鲜明且具有较强吸引力的影视剧本，剧本字数不少于 5000 字；能够熟练运用设置悬念、制造冲突、推动情节发展等编剧技巧，确保故事的可读性和可拍性，满足影视制作的基本需求，并能在剧本研讨会上清晰地阐述创作思路和亮点，接受专业人士的点评和建议。

学生能够针对影视包装项目，从创意构思阶段开始，充分挖掘项目的独特卖点和文化内涵，结合市场需求和受众喜好，设计出具有创新性、辨识度和视觉冲击力的包装方案，包括海报设计、预告片制作、片头片尾设计等，并运用专业软件（如 Adobe Photoshop、After Effects 等）制作出高质量的包装作品，使作品在宣传推广过程中能够有效吸引观众的注意力，提升影视作品的知名度和影响力。

学生能够独立完成影视微电影的全流程创作，包括根据市场需求和个人兴趣进行选题策划，制定详细的拍摄计划和预算方案，组织拍摄团队进行实地拍摄，运用专业知识和技能完成后期制作（如剪辑、调色、特效、声音处理等）和包装工作，制作出一部主题突出、情节完整、制作精良、时长在10至30分钟的微电影作品，并能通过参加微电影比赛、网络平台发布等方式进行展示和推广，获得一定的关注度和好评。

学生能够在影视后期制作过程中，根据影片的风格定位（如文艺片的淡雅色调、动作片的强烈色彩对比等）和氛围营造需求（如恐怖氛围的冷色调、浪漫氛围的暖色调等），熟练运用专业的调色工具（如 DaVinci Resolve 等）对视频素材进行精准的色彩校正和独特的风格化处理；能够通过调整色温、色调、饱和度、对比度等参数，使处理后的视频在色彩上完美契合影片的主题和情感表达，展现出独特的艺术效果，提升影片的视觉品质和艺术感染力。

学生能够在影视创作实践中，积极尝试将不同的艺术元素（如音乐的旋律节奏、绘画的色彩构图、文学的叙事手法等）巧妙地融入影视作品中，打破传统创作模式的局限，通过跨艺术领域的融合创新，提升作品的艺术深度和创新性，创作出具有独特艺术风格和文化内涵的影视作品，并能在作品阐述中清晰地表达艺术融合的思路和效果，接受专业评审的评价和指导。

学生能够运用新媒体运营知识和技能，针对不同的影视作品和目标受众，制定个性化的推广与传播策略，能够熟练运用抖音、快手、B 站等主流新媒体平台的运营规则和工具（如视频发布技巧、话题标签设置、粉丝互动方法等），制作吸引人的宣传内容（如短视频预告、幕后花絮、创作者访谈等），有效提高作品的播放量、点赞数、评论数和分享数，提升作品的知名度与影响力，扩大影视作品的传播范围和受众群体。

学生能够在影视拍摄现场，根据导演的临时要求和突发情况（如天气变化、演员突发状况、场地临时调整等），迅速、灵活地调整拍摄方案；能够在短时间内重新规划拍摄流程、调整拍摄设备和人员安排，确保拍摄工作的连续性和稳定性，有效应对各种突发状况，保障影视项目的顺利进行，减轻突发情况对拍摄进度和作品质量造成的影响。

学生能够运用专业的影视分析方法和理论知识，对各类影视作品进行深入、全面的分析与鉴赏；能够从剧本创作、导演手法、摄影技巧、表演艺术、后期制作等多个维度进行评价，撰写具有深度和独到见解的影评，影评字数不少于 800 字；能够准确地指出作品的优点和不足，并提出具有建设性的改进建议，提升自身的审美水平和专业素养，同时为影视创作提供有益的参考和借鉴。

学生能够熟练运用影视摄影构图法则（如三分法则、黄金分割法则、对称构图法则、引导线构图法则等），在不同的拍摄场景和题材中，拍摄出具有艺术美感和视觉吸引力的画面；能够通过构图的精心设计，突出主体、营造氛围、增强画面的层次感和节奏感，使拍摄的画面能够有效地传达影视作品的主题和情感，提升影视作品的视觉质量和艺术感染力。

学生能够具备跨学科知识素养和综合应用能力，能够将文学、艺术、技术、管理等多学科知识有机融合，并应用于影视制作的各个环节，如运用文学知识创作精彩的剧本、利用艺术知识提升画面和声音的美感、借助技术知识实现特效和后期制作的创新、通过管理知识优化项目流程和团队协作，从而提升影视创作的质量和水平。

学生能够具备出色的沟通能力，在影视项目中能够与团队成员、演员、客户、观众等进行有效的沟通，能够准确、清晰地传达影视制作的意图、要求和创意；能够认真倾听他人的反馈和建议，及时调整自己的工作，确保项目的顺利进行和作品的质量提升；能够通过顺畅的沟通建立良好的人际关系，拓展人脉资源。

学生能够具备一定的领导能力和团队组织协调能力，在团队项目中能够主动承担领导责任，组织协调各方资源，合理分配任务，激励团队成员，制定团队目标和工作计划，带领团队高效协作，共同达成项目目标，提升团队的整体绩效和项目的成功率，培养学生的团队领导能力和项目管理能力。

学生能够根据影视作品的风格和情节需求，为其选择或创作合适的音乐；能够准确把握音乐的情感基调、节奏特点和旋律风格与影视作品的契合度，通过音乐的烘托和渲染，增强作品的感染力和情感张力，使音乐与画面完美融合，共同营造出强烈的艺术氛围，提升观众的观影体验。

学生能够制定详细、全面且具有可行性的影视项目策划方案，包括深入的市场调研（如分析目标市场规模、受众需求特点、竞争对手情况等）、精准的目标定位（如明确作品的类型、风格、受众群体等）、合理的预算编制（如涵盖拍摄设备租赁、演职人员薪酬、后期制作费用等各项开支）、有效的营销策略制定（如宣传渠道选择、推广活动策划等）和风险评估与应对措施（识别可能出现的风险，如资金短缺、技术难题、政策变化等，并制定相应的解决方案），确保项目在实施过程中有明确的方向和有力的保障，提高项目成功的概率。

学生能够进行高效的项目管理，在影视项目实施过程中，合理安排项目进度，制定详细的时间表和任务清单，确保项目按时、按质、按量完成；能够有效协调项目团队成员之间的工作，合理分配任务，充分发挥每个成员的专业优势；能够及时解决项目中出现的问题和矛盾，保障项目的顺利推进；能够对项目成本进行严格控制，在预算范围内完成项目，提高项目的经济效益和管理水平。

学生能够运用运筹学等相关知识和方法，对视频作品制作流程进行优化；能够分析制作过程中的各个环节（如拍摄准备、拍摄过程、后期制作等）的时间和资源消耗情况，找出流程中的瓶颈和低效环节，通过合理调整任务顺序、优化资源配置（如人员、设备、时间等）等措施，提高制作效率，缩短制作周期，降低制作成本，提升影视项目的整体运营效益。

学生能够运用专业的数据收集和分析工具，获得准确有效的视频数据；能够通过分析观众在不同平台上对影视作品的观看行为（如观看时长、观看次数、点赞评论情况等）、用户反馈和市场数据，深入了解观众需求和喜好的变化趋势，为影视创作和项目决策提供数据支持和依据，使影视作品能够更好地满足市场需求和观众期待。

学生能够撰写具有吸引力和说服力的项目提案和融资计划书，能够清晰地阐述影视项目的创意亮点、市场潜力、制作团队优势、预算规划和预期收益等关键信息；能够运用良好的沟通和表达能力，向投资者或合作伙伴展示项目的价值和可行性，争取项目所需的资金和资源支持，推动影视项目的启动和实施。

学生能够进行全面的项目风险评估和管理，在影视项目策划和实施过程中，识别可能出现的各种风险（如技术风险、市场风险、法律风险、财务风险等），对风险发生的概率和影响程度进行评估，制定相应的风险应对策略（如风险规避、风险减轻、风险转移、风险接受等），建立风险监控机制，定期对风险状况进行跟踪和评估，及时调整应对措施，确保项目在风险可控的状态下顺利进行，保障项目的投资安全和成功实施。

学生能够与其他团队成员进行高效、顺畅的沟通与协作，在影视项目中能够准确理解他人的需求和意图，清晰表达自己的想法和建议；能够积极参与团队讨论和决策，共同解决项目中遇到的问题；能够尊重团队成员的专业意见和创意，发挥团队成员的优势，形成良好的团队合作氛围，提高团队的整体工作效率和项目质量，共同完成影视项目的创作和制作任务。

6.2.3 高职视频创作人才培养的素质目标

学生能够在影视项目的团队合作中，始终保持积极的倾听态度，认真理解他人的需求和感受，培养敏锐的同理心和出色的人际交往能力；能够主动与不同性格、不同专业背景的团队成员建立良好的合作关系，有效促进团队的和谐与团结，提升团队的凝聚力和战斗力。

学生能够保持对影视行业的持久热爱，在面对创作过程中的重重困难与挫折时，展现出坚韧不拔的毅力和不屈不挠的精神，不轻易放弃自己的创作理想和追求；能够将困难视为成长的机遇，不断激励自己在影视领域深耕细作，持续提升专业技能和创作水平。

学生能够具备优秀的时间管理能力，在影视制作的各个环节中，能够根据项目进度和任务要求，合理、科学地安排时间，制定详细的工作计划和时间表，确保每个任务都能在规定时间内高效完成，避免因时间安排不当导致项目延误或质量下降，提高工作效率，保证项目执行效果。

学生能够展现出强烈的责任心和敬业精神，对自己在影视项目中的每一项工作负责到底，无论是拍摄的每一个镜头、剪辑的每一个片段，还是后期制作的每一个细节，都能以高标准严格要求自己，确保作品的质量达到专业水准；能够积极主动地承担工作任务，勇于面对工作中的挑战和压力，为影视项目的成功贡献自己的力量。

学生能够在影视学习和实践过程中，逐渐养成严谨认真、一丝不苟的工作态度，对影视制作的每一个环节、每一个细节都精益求精，注重作品的质量和艺术水准；能够在创作过程中反复打磨、不断完善，追求卓越品质，培养对艺术的敬畏之心和对专业的尊重之情，提升自身的职业素养和专业形象。

学生能够在接触不同类型的影视作品和多元文化背景时，始终保持开放包容的心态，尊重不同文化的差异和特色；能够积极主动地从不同文化中汲取灵感和营养，丰富自己的创作内涵和文化底蕴，提升跨文化创作能力，促进影视文化的交流与融合，创作出具有多元文化魅力的影视作品。

学生能够在影视学习和实践中，不断增强文化自信，深刻认识到本土文化的独特价值和魅力；能够将本土文化元素巧妙、自然地融入影视作品中，通过影视作品弘扬本土文化，传播本土价值观，提升本土文化在全球影视文化中的影响力和竞争力，推动本土文化的传承与发展。

学生能够培养活跃的创新思维和强烈的创新意识，敢于突破传统的创作模式和思维定式，勇于尝试新的技术、新的手法、新的题材和新的表现形式，在影视创作中不断推陈出新，为影视作品注入新的活力和创意，提升作品的独特性和创新性，满足观众日益多样化的审美需求和文化期待。

学生能够具备敏锐的市场洞察力和精准的市场分析能力，能够密切关注影视市场的动态变化和观众需求的趋势走向，通过市场调研、数据分析和行业观察等方式，深入了解市场需求和竞争态势，为影视创作提供及时、准确的市场信息和创作参考，使影视作品能够更好地适应市场需求，提高作品的市场竞争力和商业价值。

学生能够拥有良好的心理素质和强大的心理抗压能力，能够从容应对影视制作过程中的各种压力与挑战（如紧张的拍摄进度、高难度的创作任务、激烈的市场竞争等），在压力下保持冷静、专注和高效；能够有效地调节自己的情绪和心态，避免因压力过大导致心理问题或创作障碍，确保影视项目的顺利推进和个人的身心健康。

学生能够在团队合作中，始终尊重其他成员的意见和创意，积极参与团队讨论和交流，充分发挥团队成员的优势和智慧；能够以开放的心态接受不同的观点和建议，善于与团队成员沟通协调，共同解决团队内部的分歧和矛盾，营造积极向上、团结协作的团队氛围，提升团队的创新能力和工作效率。

学生能够在影视学习和创作过程中，持续培养创新思维和创新能力，积极参加各类影视创作实践活动、学术研讨和竞赛活动，不断接触新的知识和技术，拓宽视野，激发创意灵感，勇于尝试新的创作方法和技术手段，在实践中不断提升自己的创新能力和创作水平，创作出具有创新性和影响力的影视作品。

学生能够具备较强的自我学习能力和终身学习意识，能够主动关注影视行业的最新发展动态和技术创新成果，积极利用各种学习资源（如图书馆、网络课程、学术讲座等），不断更新影视制作知识与技能，提升自己的专业素养和综合能力，适应影视行业快速发展的变化趋势，保持在行业中的竞争力。

学生能够在影视创作和欣赏过程中，逐步培养良好的审美能力和精湛的艺术鉴赏力；能够运用专业的影视美学知识和审美标准，对影视作品的艺术价值进行准确的分析和评价；能够从作品的剧本创作、导演手法、摄影技巧、表演艺术、后期制作等多个方面欣赏作品的艺术魅力，不断提升自己的审美水平和艺术修养，为影视创作提供更高水平的艺术追求和创作指导。

学生能够保持开放的心态，乐于接受新观点、新技术和新方法，不断拓宽自己的视野和思维边界，积极参加行业交流活动、学术研讨会和培训课程，主动与同行专家和优秀创作者交流学习，不断吸收新的知识和经验，提升自己的专业水平和创新能力，推动自己在影视行业的持续发展。

学生能够具备较强的环保意识和社会责任感，在影视制作过程中，能够注重节能减排和资源利用，合理选择拍摄场地和设备，减少对环境的影响；能够关注社会现实问题，通过影视作品传达积极向上的价值观和社会责任感（如倡导环保理念、关爱弱势群体、弘扬正能量等），为社会的发展和进步贡献自己的力量。

学生能够具备较强的问题解决能力和应变能力，在影视制作中遇到各种问题和突发情况时，能够迅速、冷静地分析问题的本质和原因，运用所学知识和经验，提出有效的解决方案和应对措施；能够在短时间内做出正确的决策和行动，确保项目不受重大影响，保障影视项目的顺利进行和成功完成。

学生能够具备良好的职业道德素养，诚实守信，遵守行业规则与工作纪律，在影视创作和项目实施过程中，坚决抵制抄袭、剽窃等不道德行为，保证自己的作品具有原创性和合法性；能够尊重他人的知识产权，积极维护自己的知识产权权益，树立良好的职业形象和道德风范。

学生能够在影视项目创作过程中，始终保持对社会现实的高度关注和深刻思考，通过影视作品真实地反映社会现象和问题，传达积极向上的价值观和社会责任感（如关注社会热点、反映民生百态、弘扬民族精神等），使影视作品具有思想深度和社会价值，引发观众的共鸣和思考，促进社会的和谐发展。

学生能够具备较强的文化传承意识和文化传播能力，能够深入了解和研究优秀传统文化，将传统文化元素巧妙地融入影视作品中，通过影视作品传承和弘扬优秀传统文化，提升传统文化的影响力和传播力；能够积极传播现代文化和多元文化，促进文化的交流与融合，推动文化的繁荣发展。

学生能够具备良好的身体素质和较强的体能，能够适应影视制作现场的高强度工作和复杂环境（如长时间的拍摄工作、户外拍摄的艰苦条件、紧张的拍摄节奏等）；能够保持良好的身体状态和精神状态，确保在影视项目中能够高效地完成工作任务，保障自身的身体健康和工作安全。

学生能够具备良好的情绪管理能力，在影视学习和工作过程中，能够保持积极乐观的心态，有效地处理工作与生活中的各种情绪问题（如压力带来的焦虑、创作瓶颈带来的沮丧等）；能够及时调整情绪，保持良好的心理状态，提高工作效率和生活质量，促进个人的身心健康和全面发展。

学生能够具备良好的自我反思能力，定期对自己的学习与工作进行全面、深入的总结和反思；能够客观地分析自己的优点和不足，制定有针对性的改进措施和学习计划，不断提升自己的专业技能和综合素质，实现个人的成长和进步，促进自身在影视行业的可持续发展。

学生能够具备较强的自我驱动能力，能够主动寻求成长机会和发展空间，具有强烈的学习欲望和进取精神；能够积极参加各类实践活动、培训课程和竞赛项目，不断挑战自己，突破自己的舒适区，提升自己的专业能力和综合素质，在影视行业中实现自身的价值和职业目标。

学生能够具备良好的适应能力，能够快速适应不同的影视项目风格、题材和工作要求；能够在不同的创作团队和工作环境中迅速融入，调整自己的工作方式和思维模式，发挥自己的专业优势，确保在不同的影视项目中都能高效地完成工作任务，提高自己的行业适应能力和职业灵活性。

学生能够具备良好的抗压能力，在面对紧张的拍摄进度、高难度的制作任务、频繁的创意修改，以及来自各方的压力时，始终保持冷静、专注和坚忍；能够通过有效的心理调节和时间管理策略，将压力转化为动力，保证工作的顺利开展和作品的高质量完成，在压力环境下不断锤炼自己的专业素养和心理素质。

学生能够具备较强的心理调适能力，当在影视创作和项目实施过程中遭遇挫折和失败时，能够迅速调整心态，积极面对困难，从失败中汲取经验教训，保持乐观向上的态度和对未来的信心，激发自身的内在动力，重新振作起来投入新的学习和创作中，不断提升自己应对挫折的能力和心理韧性。

学生能够在面对观众和客户的反馈时，始终秉持谦虚、诚恳的态度，认真倾听并深入分析每一条意见和建议；能够从他人的视角审视自己的作品和工作，发现存在的问题和不足，并据此制定切实可行的改进方案，不断反思和完善自己的创作思路与方法，持续提升自己的专业水平和创作能力，以更好地满足观众和客户的需求。

学生能够具备良好的自我管理能力，不仅能合理安排时间和任务，确保学习与工作的高效有序进行，还能有效管理自己的情绪、精力和资源，保持良好的生活习惯和健康的身心状态，制定科学的学习和职业发展规划，不断提升自己的综合素质和竞争力，实现个人在影视领域的可持续成长和发展。

学生能够在影视行业的复杂环境中，坚守职业道德底线，无论是在创作过程中还是在项目合作中，都坚决杜绝任何抄袭、剽窃、欺诈等不良行为，始终保证自己的作品具有独立的原创性和合法合规性；能够积极主动地维护自身的知识产权权益，树立良好的职业声誉和道德形象，推动影视行业的健康发展。

学生能够在影视项目的策划和执行过程中，始终保持高度的法律意识和规范意识，充分、细致地考虑法律法规和行业规范的各项要求，在项目的选题策划、拍摄制作、发行传播等各个环节都严格确保项目的合法性和合规性，有效避免出现任何法律风险和违规问题，保障影视项目的顺利实施和各方的合法权益。

学生能够具备较强的独立思考能力，在影视学习和创作过程中，不盲目跟从潮流和他人观点，能够深入分析和研究影视现象和问题，基于自己的专业知识和实践经验，形成独到的见解和判断，坚持自己的艺术追求和创作理念，勇于探索和创新，在影视领域走出具有个人特色的发展道路。

学生能够具备较强的品牌意识，注重维护和提升自己的个人品牌和专业形象，无论是在作品创作、项目参与还是社交活动中，都始终保持高质量的工作标准和专业的行为举止，通过优秀的作品和良好的口碑积累声誉，积极利用各种平台和机会展示自己的才华和能力，增强自己在影视行业的辨识度和影响力，为个人的职业发展奠定坚实的基础。

学生能够具备较强的持续学习能力，能够紧跟影视行业的快速发展趋势，时刻保持对新知识、新技术、新趋势的敏锐洞察力和强烈的学习兴趣，积极主动地参加各类培训课程、学术讲座、行业交流活动等，不断更新自己的知识体系和技能储备，提升自己的专业素养和综合能力，适应影视行业不断变化的需求和挑战，确保在行业中始终保持竞争力。

学生能够在影视学习和创作过程中，深入培养自己的批判性思维能力，能够对影视作品中的各种现象、问题、创作手法、艺术风格等进行全面、深入、理性的分析和思考，敢于质疑和挑战传统的观念和做法，善于从不同的角度提出新颖的观点和见解，通过批判性思维的运用不断提升自己的创作水平和审美能力，推动影视创作的创新与发展。

7　产教融合背景下视频创作人才培养的课程体系

课程体系是高职院校人才培养的核心载体，直接关系到教育质量和学生的综合素质。在当前职业教育快速发展的背景下，高职院校的课程体系建设需要更加精准地对接社会需求、行业标准和学生发展。它不仅是知识传授和技能培养的框架，更是实现高素质技术技能型人才培养目标的重要支撑。因此，如何构建科学合理、动态适应的课程体系，成为高职院校教育教学改革的关键环节。下面我们将从课程、实训、教材等重要环节，就视频创作专业的课程建设展开探讨，旨在为视频创作专业的课程体系建设提供参考。

7.1　动态化更新机制的建立

为了确保高职视频创作专业课程内容与行业需求精准对接，建立一套完善的行业调研与课程内容动态更新机制很有必要，具体措施包括以下几个方面。

首先，建立校企合作调研机制。与行业协会、企业深度合作，定期开展行业调研。通过走访企业、召开行业研讨会、邀请企业专家参与课程设计等方式，获取行业最新技术动态和岗位需求信息。例如，与影视制作公司、新媒体企业合作，了解虚拟现实、增强现实和人工智能剪辑等前沿技术在行业中的应用情况。通过这种方式，确保课程内容能够及时反映行业的最新发展和需求。

其次，构建课程内容动态更新体系。借鉴“敏捷重构”理念，建立课程内容动态更新机制。以一个学期为周期，定期对课程内容进行评估和调整。具体流程包括：通过学生反馈、教师调研和行业动态监测，识别课程内容与市场需求的差距；利用智能算法和文本分析工具，对现有课程内容与行业需求进行匹配度计算，确定是否需要更新；结合行业专家意见，对课程内容进行模块化更新，确保新增内容的时效性和实用性。

再次，引入前沿技术与最新案例。将行业前沿技术，如虚拟现实、增强现实、人工智能剪辑等融入课程体系，设计相应的实践项目和案例教学内容。例如，开设虚拟现实视频创作、虚拟现实技术应用等课程模块，让学生在实践中掌握新技术的应用。

最后，定期开展课程试点与评估。每学期选取部分课程进行试点更新，邀请学生和行业专家参与评估，验证更新效果。根据反馈进一步优化课程内容，确保课程体系的持续改进。通过这种方式，课程内容能够不断得到优化，始终保持与行业需求的高度契合。

7.2 模块化课程体系的打造

模块化课程体系就是将课程内容按照一定的主题、领域或目标进行划分，形成一系列相对独立且相互关联的模块，每个模块都有明确的教学目标、内容和评估标准。这种体系以职业分析为基础，紧密对接职业技能要求，能够根据市场需求快速调整和更新课程内容。对于高职视频创作专业而言，模块化课程体系具有显著的适应性和优势，因为视频创作行业技术更新迅速、市场需求多变，模块化课程能够更好地满足行业对人才的多样化需求。

视频创作专业适合采用模块化课程体系的原因在于，该专业需要培养学生掌握从前期策划、拍摄到后期制作的全流程技能，同时还要紧跟行业前沿技术，如虚拟现实、增强现实和人工智能剪辑等。模块化课程体系能够将这些复杂的技能和知识分解为多个独立模块，每个模块针对特定的技能或知识领域，便于学生系统学习和实践操作。此外，模块化课程体系的灵活性使其能够根据行业标准和技术发展及时更新课程内容，确保学生所学知识和技能的前沿性。

视频创作类课程体系应基于工作过程系统化，围绕典型岗位工作能力，将课程内容划分为基础模块、核心模块和拓展模块。基础模块包括公共基础课程和专业基础课程，如摄影基础、视频剪辑原理等，为学生提供必要的理论知识和基本技能。核心模块则聚焦于专业核心技能，如高级剪辑技术、特效制作等，通过项目化教学和实践操作，帮助学生掌握关键技能。拓展模块围绕行业前沿技术（如虚拟现实、增强现实、人工智能剪辑等）和新兴领域（如新媒体运营、短视频创作等）展开，满足学生的个性化发展需求。具体的执行流程包括以下几个步骤。

第一，开展行业调研，明确视频创作行业的岗位需求和技术标准，确定课程模块的设置。第二，依据调研结果，构建“基础＋核心＋拓展”的模块化课程体系，确保各模块之间的逻辑关联性和独立完整性。第三，开发模块化教学资源，包括活页式、工作手册式教材，以及配套的信息化学习资源。第四，建立一支“双师型”教师队伍，教师需具备丰富的理论知识和实践经验，能够根据模块化课程的特点灵活调整教学方法。第五，利用虚拟仿真技术和在线教学平台，开发虚拟仿真实训资源，解决实践资源不足的问题。第六，建立课程评价与反馈机制，通过学生反馈、企业评价和行业标准，定期对课程进行评估和调整。

7.3 岗课赛证一体化结构的设计

7.3.1 岗课融通

岗课融通是职业教育中一种重要的教学模式，旨在将岗位需求与课程教学深度融合，确保学生所学知识和技能与实际工作岗位高度匹配。这一模式通过分析行业岗位的技能要求，将岗位任务转化为课程内容，使学生在学习过程中能够直接接触行业标准和实际工作场景。在岗课融通模式下，学校与企业深度合作，共同设计课程体系，将岗位核心技能和职业素养融入课程教学中。例如，通过校企合作开发的工作手册式教材，学生可以在课堂上模拟实际工作流程，完成真实工作任务。同时，企业导师参与教学活动，为学生提供行业前沿知识和实践经验，进一步提升学生的职业能力。

对高职院校视频创作专业而言，想要推进岗课融通，就要精准对接岗位需求，优化课程设置，深化产教融合，共建实践基地，深化“双师型”教师队伍建设，邀请企业专家和行业导师参与课程教学。在教学过程中，引入企业真实项目，让学生参与企业项目运作，提前适应岗位角色。

7.3.2 课证融通

课证融通是职业教育中一种创新的教学模式，其核心在于将课程教学内容与职业技能证书的培训要求紧密结合，实现学历教育与职业技能培训的有机统一。通过优化课程体系，将职业技能证书的考核标准和技能要点融入专业课程。学生在完成学业的同时，能够具备考取相关职业技能证书的能力，从而增强就业竞争力。这种模式强调课程内容与行业需求的精准对接，注重实践能力的培养，同时通过学分互认、学分置换等灵活机制，提高教学效率，优化教学资源配置。课证融通不仅可以帮助学生掌握专业知识，还可以提升其职业素养和适应能力，为学生顺利进入职场提供有力支撑，是职业教育深化产教融合、提升人才培养质量的重要途径。在视频创作专业中推进课证融通，是提升学生职业能力、增强其就业竞争力的重要途径。

随着“1+X”证书制度的推行，课证融通成为职业教育改革的重要方向。在高职领域，课证融通应用广泛，许多院校通过校企合作，将行业标准和职业技能证书要求融入课程，提升了教学质量。在我国高职院校实施课证融通的过程中，可以选择表 7-1 中的几类证书。

表 7-1　课证融通证书类型列表

证书类型	情况说明	举例
职业技能等级证书	由相关行业组织或企业颁发，证明持证人具备特定职业技能水平	新媒体运营职业技能等级证书、文创产品数字化设计职业技能等级证书
职业资格证书	由政府部门或授权机构颁发，表明持证人具备从事特定职业的资格	广播电视编辑职业资格证书、平面设计师职业资格证书
行业认证证书	由行业内权威机构颁发，具有较高的行业认可度	Adobe 认证设计师
专项技能证书	针对某一特定技能或技术领域颁发的证书	数字影像处理职业技能等级证书
信息技术类证书	与信息技术相关的证书，适用于数字媒体、软件开发等领域	Web 应用软件测试职业技能等级证书、虚拟现实应用开发职业技能等级证书
通用技能证书	适用于多种职业领域的通用技能证书。	英语四级证书

笔者以应用较为普遍的“1＋X”证书制度为例，对课证融通的方法进行具体阐述。“1＋X”证书制度是我国为深化职业教育改革、提升人才培养质量而推出的一项重要制度。“1”代表学历证书，是学生在学校教育中获得的基础性学历证明；“X”则代表若干职业技能等级证书，是学生在某一职业领域所具备的技能水平的凭证。该制度旨在鼓励学生在获得学历证书的同时，积极考取多类职业技能等级证书，以增强其就业竞争力和职业发展能力。职业技能等级证书分为初级、中级、高级，由培训评价组织开发，内容涵盖职业素养、专业知识和职业技能，反映职业活动和个人职业生涯发展所需的综合能力。通过考核的学生可获得相应等级证书，这些证书不仅是职业技能水平的证明，还能纳入职业教育国家“学分银行”，与学分认定、积累和转换相衔接。通过将课程内容与“1＋X”职业技能等级证书标准深度融合，学生可以在完成学历教育的同时，获得相应的职业技能等级证书，实现学历教育与职业培训的有机衔接。

在视频创作专业中推进课证融通，需要系统规划和精心设计，确保课程内容与“1+X”职业技能等级证书的要求无缝对接。首先，学校应深入研究相关“1+X”证书的标准，明确证书考核的知识点和技能点，如数字影视特效制作证书涵盖的短视频特效、数字合成与跟踪、数字三维特效等方向。根据这些标准，调整课程内容，将证书培训内容嵌入现有课程体系，避免单独设置培训课程。例如，将 Premiere、After Effects、Maya 等软件操作技能融入影视特效制作、视频剪辑与后期等课程中，确保学生在完成课程学习的同时，具备通过证书考试的能力。

为保障课程与证书的深度对接，教育者可重构课程体系，优化课程设置，开发模块化课程。课程内容应划分为基础模块、核心模块和拓展模块，每个模块对应证书的不同技能要求。同时，结合行业前沿技术，如虚拟现实、增强现实等，更新课程内容，确保学生掌握最新技能。学校应组织教师参加“1+X”证书培训，帮助教师掌握证书标准和教学方法。鼓励教师考取“1+X”证书的考评员资质，参与证书考核的评审工作，推动教师向“双师型”转变。在实践教学方面，学校需利用校内实训基地和虚拟仿真实训资源，开展实践教学，帮助学生掌握实际操作技能。

学校还应将职业技能等级考核与专业课程考试统筹安排，实现同步考试与评价。为确保课证融通的顺利实施，学校还需出台相关制度文件，支持“1+X”证书制度试点工作。制定学分互认、学分置换等管理办法，将证书考核与课程学分挂钩。结合“1+X”证书内容，开发课证融通型教材和教学资源，为学生提供系统的学习材料。通过上述措施，视频创作专业能够实现课程与证书的深度融合，提升学生的职业能力，增强其就业竞争力。

表 7-2 是与视频创作专业较为契合的“1+X”证书示例。需要说明的是，由于此类信息更新较快，因此表 7-2 中所示信息仅作为示意，具体信息请以证书组织单位的官方信息为准。

表 7-2 视频创作专业相关的“1+X”证书列表

证书名称	发证机构	考核内容	对应课程设计
“1+X”数字影视特效制作职业技能等级证书	杭州时光坐标影视传媒股份有限公司	数字短视频特效方向（如剪映、Premiere 等）、数字合成与跟踪方向（如 After Effects、NUKE 等）、数字三维特效方向（如 Maya、3DS MAX、C4D 等）	影视特效制作、视频剪辑与后期等
“1+X”动画制作职业技能等级证书	中国动漫集团有限公司	分镜脚本、概念设计、影像采集、二维制作、角色模型、场景模型、角色动画、镜头剪辑、视觉特效、引擎动画等方向	动画剪辑与特效等
“1+X”新媒体运营职业技能等级证书	相关行业认证机构	新媒体内容策划、短视频运营、社交媒体营销等	短视频创作与运营等
“1+X”融媒体内容制作职业技能等级证书	相关行业认证机构	融媒体内容策划、视频剪辑、多平台内容分发等	视频内容策划与传播等

7.3.3 课赛融通

课赛融通是职业教育中一种创新的教学模式，旨在将课程教学与职业技能竞赛有机结合，通过以赛促教、以赛促学的方式，提升学生的实践能力和创新思维。2005 年，《关于深化职业教育教学改革全面提高人才培养质量的若干意见》提出职业教育需加强与职业技能鉴定单位的合作，这为课赛融通奠定了基础。此后，随着职业教育改革的推进，课赛融通逐渐成为提升学生实践能力和创新思维的重要手段。

在课赛融通模式下，学校将竞赛内容融入日常课程体系，将竞赛标准转化为教学目标，使学生在学习过程中能够接触到行业前沿技术和实际操作要求。同时，通过组织学生参加各类职业技能竞赛，检验和巩固所学知识，培养其团队协作能力和解决实际问题的能力。课赛融通不仅增强了学生的职业素养，还为教师提供了教学改革的方向，推动职业教育与行业需求的深度融合，是提升职业教育质量的重要途径。

随着“岗课赛证”综合育人理念的推广，课赛融通将成为职业教育改革的重要方向，进一步提升职业教育的质量和学生的就业能力。

在国内课赛融通的实践中，被高职院校选择较多的赛事主要包括以下类别。第一类，全国职业院校技能大赛及其对应的省级职业院校技能大赛，此赛事由教育部主办，覆盖多个专业领域，权威度高、影响力大、覆盖面广。适合视频创作类课程进行课赛融通的此类竞赛主要有短视频创作与运营、融媒体内容策划与制作等赛项。2024 年该项赛事升级为世界职业院校技能大赛后，视频创作相关竞赛对应的赛道主要为新闻传播赛道。第二类，行业类竞赛，一般由行业协会主办，此类赛事主要针对特定行业需求，企业参与度相对较高。适合视频创作类课程进行课赛融通的赛道主要有视频类（如影视广告、微电影广告、短视频等）、动画类、广播类、营销创客类（如电商短视频、网络直播等）等。第三类，企业、学校组织的小型赛事。

由于全国职业院校技能大赛于 2024 年刚刚升级为世界职业院校技能大赛，因此能够查询到的相关赛事信息有限，且笔者尚未有相关经验积累，故不再做详细介绍。本书仅介绍另一项比较适合高职院校视频创作专业进行课赛融通的赛事——全国大学生广告艺术大赛，关于此项赛事的详细介绍见本书的附录 3。

7.4 实战导向实训模式的创新

在快速迭代的影视传媒行业中，高职视频创作专业的实训体系不仅是连接理论与实践的桥梁，更是学生顺利过渡至职场的关键纽带。然而，部分高职院校视频创作专业的实践教学仍停留在基础技能训练阶段，与行业、企业的联系严重不足，校企合作流于形式，企业参与度低，学生参与真实项目的机会少，实践成果与市场需求脱节。这些问题导致学生毕业后难以迅速适应岗位需求，实践创新能力不足，无法满足视频创作行业对高素质技能型人才

的需求。对于此类院校而言，非常有必要以适应实战为目标，对其实训体系进行系统化的改革与重构，

构建以适应实战为目标的实训体系，首先要构建能够有效支撑学生参与实战或在模拟环境中体验实战的实训模式。下面我们将结合视频创作专业的专业特点，重点介绍以下几种实训模式。

7.4.1 模拟工作室实训模式

模拟工作室是一种模拟真实工作环境的实训方式，通过设立校内视频创作工作室，配备专业设备，让学生体验从策划、拍摄到后期制作的全过程。首先，模拟工作室应以培养学生的实战能力为核心目标，模拟真实影视制作公司的运营模式。工作室可以分为不同的功能区域，如策划区、拍摄区、剪辑区和后期制作区等，每个区域都配备相应的设备和工具。其次，模拟工作室可以与企业、机构合作，为学生引入真实的项目资源，同时引入真实的项目流程，让学生在项目中承担摄像师、剪辑师、后期特效师等真实岗位角色。再次，模拟工作室应引入企业导师，参与模拟工作室的标准制定、项目策划、教学和评价。最后，模拟工作室应配备与办学定位相匹配的软硬件设施，这些设备和技术应与行业实际保持一致，确保学生在实训中能够掌握最新的、符合行业实战标准的技术和工具。

7.4.2 “企业入驻＋师徒制”模式

“企业入驻＋师徒制”模式是通过引入企业资源和导师指导，将企业的真实项目和工作环境带入学校，学生在企业导师和学校教师的双重指导下，完成从策划到制作的全过程。该模式旨在提升学生的实战能力和职业素养，确保其在毕业后能够迅速适应行业需求。

高职院校视频创作专业可以与企业合作，建立校内实训基地或工作室，邀请企业定期派遣专业导师入驻，指导学生完成实际项目。企业导师凭借丰富的行业经验，可以为学生传授实际操作技能和行业知识，同时学校教师提供理论支持，帮助学生更好地将知识与实践相结合。通过一对一或一对多的

师徒制指导模式，确保学生能够获得个性化的指导和支持。在教学内容设计方面，应以企业实际项目为核心，将项目分解为多个阶段和任务，让学生在完成任务的过程中逐步掌握视频创作的全流程技能。项目可以包括短视频创作、广告策划、纪录片拍摄等多种类型，以满足不同学生的学习需求和兴趣。

校企合作的深度和广度是“企业入驻＋师徒制”模式成功的关键。学校应与企业建立长期稳定的合作关系，定期开展合作项目，为学生提供持续的实践机会。同时，学校可以邀请企业参与课程设计和教学评价，确保教学内容与行业需求紧密结合。

7.4.3 “社区参与＋公共服务”模式

“社区参与＋公共服务”模式是一种将学生实践与社区服务相结合的实训教学方式。通过与社区建立合作关系，学生参与社区宣传、公益广告制作、文化传承等项目，将所学知识应用于实际，提升实践能力的同时，增强社会责任感。这种模式不仅能为学生提供实践机会、增强其社会责任感，还能为社区发展贡献力量，实现教育与社会服务的双赢。

高职院校视频创作专业可以从以下几个方面推进“社区参与＋公共服务”模式。首先，与社区建立合作关系，将学生的学习成果转化为社区服务项目。其次，通过与社区合作，组织学生参与社区治理和服务创新项目，如利用短视频平台为社区居民提供便民服务等。最后，学校可以结合社区文化建设工作设计实训内容，如制作宣传地方特色文化的短视频等。

7.4.4 “创业孵化＋实战运营”模式

“创业孵化＋实战运营”模式是一种将创业教育与实际运营相结合的实训教学方式，旨在通过真实的创业项目和运营实践，提升学生的创业能力，帮助学生积累实战经验。在高职院校视频创作专业实训教学中，推进该模式可以从以下几个方面着手。首先，学校应建立或引入创业孵化中心，为学生提供创业所需的场地、设备、资金和技术支持。这些孵化中心可以与企业合作，引入真实的视频创作项目，让学生在真实的工作环境中进行实践。通过创业孵化中心，学校可以为学生提供创业服务。学校应鼓励和支持学生创办影视制作类工作室，并依托创业孵化中心的支撑，承接真实的市场项目并进行实战运营。其次，学校应根据视频创业完整流程进行课程内容设计，帮助学生从全局的层面了解创业项目的操盘。尤其不能忽视市场调研、财务管理、法律知识等虽看似与影视制作专业关联不大，但对创业团队而言却非常重要的课程。再次，学校应与企业合作，为优秀的学生项目提供资金支持和市场渠道，帮助学生将创意转化为实际的商业成果。最后，学校应积极参加各类创业赛事和活动，帮助学生通过比赛获得曝光机会和资源支持，同时与行业、企业和其他创业者建立联系。

7.5 与“双创”教育的协同推进

随着数字媒体行业的快速发展，视频创作行业对创新性和原创性的需求日益增长，需要更多具备创新思维和创业能力的复合型人才。创新创业教育能够为学生提供必要的理论支持和实践机会，使其在毕业后能够迅速适应行业变化。而且随着短视频平台的崛起，视频创作领域涌现出大量创业机会。在平台赋能下，短视频创作者能够借助技术手段和平台资源，快速实现内容传播和商业变现。这种趋势不仅为学生提供了丰富的创业机会，也客观上要求高职视频创作专业更加重视与创新创业教育的结合。

高职院校视频创作专业可以从以下 5 个方面推进专业课程与创新创业课程的融合。

第一，教学内容方面，应将创新创业理念贯穿于视频创作的各个环节。例如，在视频策划课程中，引入市场调研和用户需求分析的内容，培养学生从市场需求出发进行内容创作的能力；在后期制作课程中，加入创新技术应用和特效创意训练，鼓励学生尝试新的表现手法和技术手段。

第二，教学方法方面，宜采用项目式教学方法，让学生以团队形式完成真实的视频创作项目，模拟真实的创业过程。安排企业导师和行业专家参与教学活动，分享行业前沿动态和创业经验，帮助学生更贴近行业实际。

第三，课程体系方面，应构建多层次的课程体系。在基础课程阶段，开设创新创业通识课程，如创新思维与方法、创业基础等，培养学生的创新意识和创业基础知识。在专业课程阶段，将创新创业元素融入视频创作的核心课程，如短视频营销与创业、新媒体内容创作与运营等，使学生能够将创新创业理念与专业技能相结合。在实践课程阶段，设立创新创业实践课程，如视频创业项目孵化、新媒体创业实践等，为学生提供真实的创业环境和实践机会。

第四，实践教学方面，应拓展创新创业实践平台。例如，与企业合作建立校外实践基地，为学生提供实习和创业机会。学校应积极组织学生参加各类创新创业竞赛，如“互联网＋”大学生创新创业大赛、“学创杯”全国大学生创业综合模拟大赛等，通过竞赛锻炼学生的创新创业能力。学校还可以举办创新创业论坛、讲座和沙龙，邀请行业专家和成功创业者分享经验，激发学生的创新创业热情。

第五，教学评价方面，评价机制应不仅关注学生的专业知识和技能掌握程度，还应重视其创新思维、创业能力和实践能力的培养，全面评估学生的学习成果。同时，将创新创业项目的实施效果、市场反馈和学生的学习体验纳入评价体系，确保课程融合的实效性。

通过系统的改革和创新，培养学生的创新思维和创业能力，使其成为既懂专业技能又具备创业精神的复合型人才。

7.6 与美育教学的深度融合

美育是培养学生认识美、感受美、创造美的能力的重要教育内容，对促进人的全面发展具有不可替代的作用。美育不仅是审美教育，更是情操教育和心灵教育，有助于立德树人，提升学生的人文素养和创新能力。近年来，国家对美育的重视程度不断提升，通过政策引导、机制建设、资源投入等多维度措施，不断强化美育在教育中的地位，推动美育工作向高质量、全覆盖的方向发展。

美育能够显著提升视频创作专业学生的审美素养，使其具备发现美、欣赏美和创造美的能力，这些能力对于视频创作者来说至关重要。美育还有助于培养学生的创新思维，激发学生的想象力和创造力，为视频创作注入新的活力。由此可见，对于视频创作专业而言，美育具有重要且特殊的价值与意义。

想要将视频创作专业的人才培养与美育相结合，应从课程设计、教学方法、实践项目和跨学科融合等方面入手。首先，在课程设置上，应考虑将美育类课程纳入专业课程体系，开设如新媒体艺术鉴赏、数字艺术创作等课程。其次，应将美育贯穿于整个教学过程，从基础理论到实践操作的各个教学环节都应注重培养学生的审美能力和艺术素养。例如，在课程中融入美学原理、色彩理论、构图技巧等内容，帮助学生在学习技术的同时，提升对美的感知和表达能力。再次，在教学方法上，可以遵循视频创作专业的专业特点，采取认知先行、实践跟进、展演总结三步走的模式，分阶段推进美育与专业技能的融合。最后，可以利用虚拟现实等现代信息技术，开展沉浸式教学和创作实践，激发学生对美的感受力和创造力。

7.7 对接行业技术前沿的教材建设

教材作为课程内容的载体，是课程体系得以实施的基础。因此，教材建设是课程体系构建中不可或缺的一环。高等职业教育视频创作专业的教材建设已取得一定成果，但仍存在诸多问题，如部分教材未能及时反映行业最新技术和理念、部分教材与行业实际需求脱节等。高职视频创作专业教材可以从以下几个方面进行建设与创新。

首先，紧密对接主流生产技术。当下的影视传媒行业，高清、超高清拍摄，以及虚拟现实、增强现实等技术广泛应用。教材应详细阐述这些主流技术的操作要点，如 8K 拍摄设备的参数设置、虚拟现实场景构建方法等，确保学生所学与行业实际需求接轨。

其次，大力吸收行业发展的新知识、新技术、新工艺、新方法。随着短视频、电商直播等新兴领域的兴起，视频创作的流程和方法不断革新。教材需及时纳入短视频的创意策划、电商直播视频的快速制作等内容，让学生掌握行业前沿动态。

再次，校企深度合作开发专业课教材。邀请影视传媒企业的一线导演、剪辑师、摄影师等专业人员与学校教师共同编写教材。企业人员凭借丰富的实践经验，能够提供真实的项目案例和实用的操作技巧。教师则依据教学理论，将专业知识进行系统梳理和编排。例如，在编写剪辑教材时，企业剪辑师分享热门影视作品的剪辑思路，教师再结合教学目标，设计出适合学生学习的章节内容和练习题目。

最后，在教材编写过程中注重案例的选取。引入大量行业内的优秀作品作为案例，从前期策划、拍摄手法到后期制作，全方位进行剖析，让学生在案例学习中提升专业技能。

通过上述基本思路，打造符合行业发展需求、实用性强的高职院校视频创作专业教材，为培养高素质视频创作人才奠定坚实基础。

7.8 对接岗位需求的课程思政教育

课程思政是指在各类课程中融入思想政治教育元素，将价值观引领与专业知识传授有机结合的一种教育理念和教学改革实践。它不仅是高等教育落实立德树人根本任务的关键举措，更是培养学生德智体美劳全面发展的有效途径。课程思政的重要性在于它能够帮助学生在学习专业知识的同时，树立正确的世界观、人生观和价值观，增强社会责任感和使命感，培养出既具备专业技能又具有良好思想道德修养的高素质人才。在当今时代，随着信息技术的飞速发展和社会环境的复杂变化，课程思政的作用愈发凸显，尤其在一些与社会传播和文化引导紧密相关的专业领域，如视频创作专业等，课程思政的融入更是具有不可替代的重要意义。

课程思政对于视频创作专业的重要意义主要体现在以下几个方面。

首先，短视频作为当下重要的信息传播载体，其传播速度快、覆盖面广，对社会舆论有着巨大的影响力。然而，当前社交媒体上短视频乱象频发，如虚假信息、低俗内容、恶意炒作等，这些乱象不仅污染了网络环境，还可能误导公众，尤其是对青少年的价值观产生不良影响。因此，对视频创作者加强思政教育，能够引导他们树立正确的价值观和创作理念，避免制作和传播有害内容。

其次，视频创作专业的学生未来将成为媒体行业的从业者，他们所制作的视频内容将直接影响社会大众的认知和态度。通过课程思政，可以培养学生的社会责任感，使其在创作过程中自觉传播正能量，弘扬社会主义核心价值观。例如，在视频创作课程中融入致敬英雄、保护环境等思政元素，能够激发学生的家国情怀，使其在作品中传递积极向上的价值观。

最后，从行业发展的角度来看，良好的职业道德和思政素养是视频创作人才必备的素质。只有具备正确的价值观，创作者才能在激烈的市场竞争中坚守底线，创作出既有艺术价值又能引领社会风尚的作品。课程思政的融入不仅有助于提升学生的专业技能，更能帮助学校培养出德才兼备的高素质人才，为行业的可持续发展提供有力保障。

需要强调的是，课程思政的设计必须紧密结合岗位需求，这是因为岗位需求是人才培养的直接目标和衡量标准。不同岗位对人才的素质和能力有着明确的要求，如医疗岗位需要严谨的专业态度和救死扶伤的职业精神、教育岗位需要爱心和责任感等。只有将思政教育与岗位需求相结合，才能确保学生在掌握专业知识的同时，具备相应的职业道德和社会责任感。通过在课程中融入与岗位相关的思政元素，能够引导学生将思想政治素养转化为实际工作中的行为准则，从而更好地适应未来的职业岗位，为社会创造价值。

笔者对各类行业、企业中与视频创作有关的岗位进行了深入调研，对其岗位需求与课程思政之间的对应关系进行了梳理和总结。

表 7-3 岗位需求与视频创作专业的课程思政设计

思政项目			典型岗位示例
政治认同与家国情怀	爱国精神	培养学生对祖国的热爱，通过作品传递爱国情感	编剧、导演、短视频内容策划
	政治认同	增强学生对中国特色社会主义的认同感	制片人、宣传策划
	社会责任感	培养学生对社会的责任感，引导他们在作品中关注社会热点问题	编辑、后期制作、短视频运营
	文化自信	增强学生对本土文化的自信和自豪感	摄影、美术、短视频视觉设计
	民族自豪感	了解中国影视产业的发展历程，培养民族自豪感	编剧、导演、短视频内容创作者
法治意识与职业道德	法治观念	教育学生遵守法律法规，特别是版权法和宣传法规	制片人、法务、短视频运营
	职业道德	培养学生的职业道德，如诚信、敬业、守法等	编剧、导演、演员、短视频主播
	知识产权保护意识	尊重原创作品，保护知识产权	编剧、导演、剪辑、短视频内容创作者
	行业规范意识	熟悉影视行业的职业规范和行业标准	制片人、导演、后期制作、短视频运营
	契约精神	培养学生遵守合同、信守承诺的职业素养	制片人、法务、短视频项目管理
职业素养与专业精神	敬业精神	培养学生对工作的认真负责态度，追求卓越	编剧、导演、剪辑、后期制作、短视频内容创作者
	创新精神	鼓励学生在影视制作中勇于创新，探索新的表现形式	编剧、导演、特效制作、短视频创意策划

续表 1

思政项目			典型岗位示例
	团队协作能力	培养学生的团队合作精神，学会分工协作	编剧、导演、摄影、剪辑、后期制作、短视频团队
	沟通能力	提高学生的沟通能力，以便在团队中更好地表达和协作	编剧、导演、制片人、短视频运营
	耐心与坚忍	培养学生在面对复杂任务时的耐心和坚忍	编剧、导演、剪辑、后期制作、短视频内容创作者
	严谨态度	培养学生在影视制作中的严谨态度，注重细节	编剧、导演、摄影、剪辑、后期制作、短视频视觉设计
	实践能力	通过实践项目，提升学生的实际操作能力	编剧、导演、摄影、剪辑、后期制作、短视频内容创作者
	审美能力	培养学生的艺术审美能力，提升作品的艺术价值	编剧、导演、摄影、美术、短视频视觉设计
	跨学科能力	培养学生跨学科的综合能力，如计算机、美术、音乐等	编剧、导演、特效制作、音乐编辑、短视频创意策划
	自主学习能力	鼓励学生自主学习，不断提升专业技能水平	编剧、导演、剪辑、后期制作、短视频内容创作者
文化素养与艺术修养	中华优秀传统文化传承	引导学生在作品中融入中华优秀传统文化元素	编剧、导演、摄影、美术、短视频内容创作者
	文化自觉	培养学生对本土文化的自觉传承和创新	编剧、导演、摄影、美术、短视频视觉设计
	健康审美情趣	培养学生的健康审美情趣，避免低俗内容	编剧、导演、剪辑、后期制作、短视频内容创作者
	乐观生活态度	通过作品传递积极向上的生活态度	编剧、导演、短视频内容创作者
	社会价值表达	培养学生通过影视作品表达社会价值的能力	编剧、导演、短视频内容策划
	劳动精神	弘扬劳动精神，培养学生在实践中增长智慧才干	编剧、导演、摄影、剪辑、后期制作、短视频内容创作者
	诚信意识	培养学生在创作和宣传中坚持诚信原则	制片人、宣传策划、短视频运营

续表 2

思政项目			典型岗位示例
社会实践与思维拓展	环保意识	引导学生在作品中关注环境保护，传递环保理念	编剧、导演、短视频内容创作者
	人文关怀	培养学生的人文关怀精神，关注人与自然、人与社会的关系	编剧、导演、短视频内容创作者
	社会责任感	引导学生通过作品关注社会问题，传递正能量	编剧、导演、短视频内容策划
	时代精神	培养学生紧跟时代步伐，反映时代风貌	编剧、导演、短视频内容创作者
	国际视野	培养学生的国际视野，提升作品的国际影响力	编剧、导演、短视频内容策划
	社会和谐意识	引导学生通过作品传递社会和谐理念	编剧、导演、短视频内容创作者
	历史责任感	培养学生对历史的敬畏感，通过作品传承历史记忆	编剧、导演、短视频内容创作者
	社会公平意识	引导学生通过作品关注社会公平	编剧、导演、短视频内容创作者

在视频创作专业针对岗位需求设计课程思政时，需要注意以下几点。

首先，要确保思政内容与专业课程的有机融合，避免生硬植入，使学生在掌握专业技能的同时自然地接受思政教育。其次，应注重实践教学，通过项目实践、案例分析等方式，让学生在实际操作中体会思政元素的重要性。再次，要关注行业动态，及时更新课程内容，使思政教育与行业发展同步，增强课程的时效性和针对性。最后，鼓励学生自主思考和创新，培养他们独立解决问题的能力，以适应不断变化的行业需求。通过关注上述注意事项，可以更好地实现课程思政的目标，为社会培养出既掌握专业技能又具备良好思想政治素养的视频创作人才。

8　产教融合背景下视频创作人才培养的教学方法

产业需求与教育供给的紧密结合，促使视频创作人才培养的教学方法不断创新。如何在教学中融入产业实际需求，让学生在理论学习与实践操作中无缝对接，是当前亟待解决的问题。下面我们将探讨如何通过优化教学方法，培养出既具备扎实理论基础，又能够适应产业发展的视频创作人才，为产教融合背景下的教育实践提供有益的思路和方法。

8.1　高职教育的教学方法概述

教学方法是在特定教学目标和教学环境下，师生共同参与并实现知识传递、技能培养与素养提升的一切方式、方法、途径的总和。它不仅涵盖了教师的教法，也包括了学生的学法，是实现教育培养目标的关键环节。

在高职教育中，教学方法的创新与优化是提升教育质量、满足社会需求的重要途径。高职教育的教学方法具有多方面的特点，这些特点共同形成了其独特的教育模式，旨在为学生提供一个全面、高效、实用的学习环境。以下我们将从 7 个方面详细阐述高职教育教学方法的特点，以期为教育工作者和学生提供有益的参考和启示。

第一，高职教育的教学方法深刻体现了对学生主体性的高度重视。这是因为高职教育旨在培养的是具备高度自我驱动能力和创新意识的技能型人才，他们未来的工作不仅需要扎实的专业技能，更需要具备主动探索和解决问题的能力。因此，教学方法设计方面尤为强调激发学生的内在动力，鼓励他们成为学习过程的主体。如翻转课堂、小组合作探究、问题解决式学习等现代教学模式，均着眼于学生在主动探索中建构知识体系，通过自我导向的学习任务和挑战性项目来锻炼实践能力。这些策略的实施，让学生在学习过程中不再是被动接受者，而是积极参与者，从而在校园内就能培养出面对未来职业挑战所需的自主学习和创新能力。

第二，高职教育的教学方法具有强烈的实践导向性。这是因为高职教育培养的是技术技能人才，他们将来要从事的是具体的技术工作，因此教学方法必须注重实践能力的培养。例如，项目教学、模拟教学、案例教学、角色扮演等具体教学方法都非常注重实践情境的创设，都强调学生在实践中学习和掌握知识，通过完成具体任务或项目来提高实践能力。这些方法的应用，使得学生在校期间就能接触到真实的工作场景和任务，从而提前适应未来的职业要求。

第三，高职教育的教学方法深刻体现了对创新的重视，这与其教育定位、学生特点、就业去向及专业设置等因素紧密相关。作为直接对接市场需求的教育类型，高职教育致力于培养既懂理论又具备实践技能的创新型技术技能人才。考虑到学生群体普遍具有较强的动手操作能力和对新事物的好奇心，以及他们未来多将就业于高新技术或技术快速更新的行业，教学方法的创新显得尤为关键。通过引入设计思维、敏捷开发、跨学科项目合作等前沿教学模式，不仅能够有效提升学生的专业技能水平，更重要的是能够激发他们在面对实际问题时的创新思考能力和灵活应变能力。在专业设置方面，高职教育往往紧跟市场需求、追踪新兴产业和新型业态，这些新产业和新业态本身就需要不断地技术创新和知识更新。通过项目式学习、企业实习、创新创业竞赛等多种形式，将创新理念融入教学方法之中，成为连接教育与产业、理论与实践的纽带，这对于高职教育而言就显得尤为重要。

第四，高职教育的教学方法高度重视灵活性，这与其教育目标、学生多样性、市场需求变化及教学模式创新等多方面因素紧密相关。鉴于高职教育旨在培养能够快速适应市场变化、具备高度灵活应变能力的技术技能人才，教学方法的灵活性显得尤为重要。面对学生群体中存在的兴趣差异、学习速度及方式的不同，灵活的教学方法能够更好地满足个性化学习需求，促进每个学生的全面发展。同时，随着市场需求的快速变化，特别是新兴行业的不断涌现，教学方法的灵活性成为确保教育内容与实际工作需求保持同步的关键。通过引入模块化课程设计、在线学习平台、校企合作项目等灵活多样的教学模式，学生能够根据个人兴趣和职业规划，选择最适合自己的学习路径，从而在未来的职业生涯中展现出更强的竞争力和适应能力。总之，在高职教育中强调教学方法的灵活性，是适应时代变迁、提升学生综合素养、促进教育与产业深度融合的重要途径。

第五，高职教育的教学方法强调校企深度合作。由于高职教育的目标是培养适应市场需求的高素质技术技能人才，因此教学方法必须紧密结合企业的实际需求和行业标准。通过与企业的深度合作，学校可以引入企业的实际项目、案例和技术专家，让学生在真实的产业环境中学习和实践。例如，企业导师进课堂、学生到企业实习、校企共建实训基地等模式，让学生能够直接接触到行业前沿技术和实际工作流程，增强其对职业岗位的理解和适应能力。这种校企合作的教学方法不仅有助于学生提升实践技能水平，还能促进学校教学内容的更新和教学方法的改进，使教育更加贴近市场需求。

第六，高职教育的教学方法注重多元评价体系的构建。传统的教学评价往往侧重于学生的理论知识掌握程度，而高职教育更关注学生的实践能力和综合素质。因此，高职教育的教学方法中融入了多元化的评价方式，如项目成果评价、实践操作考核、团队协作表现评估、创新能力评价等。这些评价方式不仅能够全面反映学生的学习成果，还能激励学生在不同方面发挥潜力，培养其综合职业素养。例如，在项目教学中，除了对项目最终成果进行评价外，还会对学生在项目过程中的团队合作、问题解决能力、创新思维等方面进行综合评估，使学生在追求优秀成果的同时，也能提升自身的综合素质。

第七，高职教育的教学方法融合了信息技术的应用。随着信息技术的飞速发展，高职教育的教学方法也在不断创新和升级。利用在线教育平台、虚拟现实、增强现实、人工智能等技术，可以为学生提供更加丰富、生动的学习体验。例如，通过在线课程资源，学生可以随时随地学习专业知识；利用虚拟现实和增强现实技术，学生可以模拟真实的工作场景进行实践操作；借助人工智能辅助教学工具，教师可以更好地了解学生的学习进度和学习难点，从而提供个性化的教学支持。这些信息技术的应用不仅提高了教学效率，还拓展了教学的时空界限，为高职教育的教学方法带来了新的活力和创新空间。

8.2 视频创作人才培养的教学组织

在探讨高职视频创作人才的教学方法时，我们不仅要关注具体的教学技巧，更要从宏观和中观层面把握教学组织的整体策略。这些策略对于构建一个系统、高效的教学体系至关重要。下面我们将深入探讨教学方法的中观视角，即教学组织方法，在高职视频创作教学中的应用。

8.2.1 分层教学与个性化教学组织

分层教学与个性化教学组织是现代教育中提升教学效果的重要策略。分层教学基于学生在知识基础、认知方式、学习策略、智力与非智力因素等方面的个体差异，将学生分为不同层次，并为每个层次设计相应的教学目标、内容、方法和评价标准。这种教学模式的核心在于因材施教，旨在使每个学生都能在适合自己的环境中获得最佳发展，从而实现教学效果的最大化。个性化教学组织则进一步强调根据每个学生的独特需求和兴趣，提供定制化的学习路径和资源。这种教学模式不仅关注学生的个体差异，还通过技术手段，如智能推荐系统、自适应学习平台等，动态调整学习内容和难度，确保每位学生能够以最适合自己的速度和方式学习。

将分层教学的理念应用于视频创作专业的教学中，首先需对学生进行精准分层。可通过测试、作业、课堂表现等多维度评估学生的基础知识、技能水平和学习兴趣，将学生分为初学者、进阶者和高级者等 3 个层次。针对初学者，教学重点应放在基础操作技能的训练上，如视频拍摄的基本技巧、剪辑软件的基本功能等，采用案例教学法，通过简单易懂的实例引导学生掌握基础操作。对于进阶者，注重培养其创意思维和项目规划能力，布置具有一定难度的项目任务，鼓励学生自主探索和团队合作，完成较为复杂的视频创作项目。而高级者则可以参与更前沿的视频创作技术研究，如特效制作、动画合成等，通过参与实际项目或科研课题，提升其专业素养和创新能力。此外，教学过程中应注重动态调整分层，根据学生的学习进度和能力变化，适时调整其所在层次，确保每个学生都能在适合自己的层次中取得持续进步。

在视频创作专业教学中，个性化学习的实施可以通过多种方式来丰富和深化。首先，教师可以利用人工智能技术为学生提供个性化的学习资源和路径推荐。例如，借助智能自适应学习平台，根据学生的学习模式和需求，生成个性化的学习计划，并在学习过程中动态调整学习内容和难度，确保每位学生都能以最适合自己的速度和方式学习。其次，教师可以利用学习分析和预测技术，对学生的学习数据进行深入分析和模式识别，预测学生的学习需求、困难和潜在问题，从而提供个性化的学习支持和干预措施。例如，通过采集学生个性特征、学习行为和学习效果等数据，智能分析并绘制个人画像，作为学生自我计划、自我调节，以及教师教学服务的重要依据。再次，提供多样化的学习资源也是个性化学习的重要组成部分。教师可以根据学生的不同需求提供多样化的学习资源，包括图书、网络资源、实践机会等，以激发学生的创造力。最后，教师还可以通过智能导师和聊天机器人为学生提供个性化辅导服务，即时回答学生的问题，减少学生等待反馈的时间，提高学生的学习效率。

8.2.2　翻转课堂、JITT 教学法和线上线下混合式教学

翻转课堂是一种创新的教学模式，将传统的“课堂讲授＋课后练习”的模式颠倒过来。学生在课前通过教师提供的视频、在线课程等资源自主学习新知识，课堂时间则用于小组讨论、实践操作和教师指导。例如，在影视制作课程中，学生可以在课前通过视频学习镜头语言和剪辑技巧，课堂上则分组进行实际拍摄和剪辑操作，教师在一旁提供有针对性的指导。这种教学模

式不仅提高了学生的自主学习能力，还让课堂时间更加高效地用于知识的内化和应用。

JITT（Just-in-Time Teaching）教学法是一种强调即时反馈和动态调整的教学模式。学生在课前通过网络平台完成预习任务，如阅读材料、观看视频，并提交预习报告和疑问。教师根据学生的反馈调整课堂教学内容，重点讲解学生普遍存在的问题，同时设计有针对性的课堂活动。例如，在影视剧本创作课程中，学生课前阅读剧本结构理论并提交自己的理解，教师根据学生的预习情况在课堂上重点讲解学生理解不足的部分，并组织小组讨论和创作练习。这种教学模式的核心在于通过学生的预习反馈实现教学内容的精准调整，提升教学效果。

线上线下混合式教学是一种将线上教学资源与线下课堂教学相结合的教学模式。线上部分通过学习管理系统提供丰富的学习资源，如视频讲座、在线测验、讨论区等，学生可以根据自己的进度自主学习。线下课堂则用于重点讲解、互动讨论、实践操作和答疑解惑。例如，在影视后期制作课程中，学生在线上学习特效软件的操作技巧，线下课堂则进行实际操作练习和教师的现场指导。这种教学模式充分发挥了线上资源的灵活性和线下教学的互动性，使学生能够在自主学习和教师引导之间找到平衡，提升学习效果。

翻转课堂、JITT 教学法和线上线下混合式教学这 3 种教学模式都强调学生在学习过程中的主动性和自主性，借助信息技术优化教学过程，提升教学效果，然而它们在很多方面又存在着显著差异。

翻转课堂的核心在于将知识传授环节前置到课前，课堂时间用于知识的深化和应用。这种教学模式要求学生具备较强的自主学习能力，同时对教师的课堂组织能力提出了较高要求。JITT 教学法则更注重通过学生的预习反馈来动态调整教学内容，使教学更具针对性。这种教学模式要求教师根据学生的预习情况及时调整教学计划，这对教师的时间管理和信息处理能力提出了挑战。线上线下混合式教学是一种综合性的教学模式，既利用了线上资源的灵活性，又保留了线下教学的互动性。这种教学模式要求教师合理安排线上线下的教学内容，确保两者有机融合。

在师生角色方面，翻转课堂中教师更多地扮演课堂活动的组织者和引导者的角色，学生通过课堂实践和讨论深化知识理解；JITT 教学法中教师是教学内容的调整者和问题解决者，学生通过预习反馈驱动教学内容的调整；线上线下混合式教学中教师是教学资源的整合者和协调者，学生在自主学习和课堂互动中逐步掌握知识。

表 8-1　翻转课堂、JITT 教学法和线上线下混合式教学模式各自特点对照表

	翻转课堂	JITT 教学法	线上线下混合式教学
教学流程	课前自主学习，课堂实践与讨论	课前预习反馈，课堂及时调整	线上自主学习，线下课堂互动
教学重点	课前自主学习与课堂实践	课前预习反馈与课堂调整	线上线下教学优势互补
师生角色	教师是课堂活动的组织者，学生是实践者	教师是教学内容的调整者，学生是反馈者	教师是教学资源的整合者，学生是自主学习者
实施难度	对学生自主学习能力和教师课堂组织能力要求较高	对教师时间管理和信息处理能力要求较高	对教学设计和资源整合能力要求较高

影视制作类专业具有很强的实践性和创新性，学生需要掌握从前期拍摄到后期制作的全流程技能。在教学活动中，教师可以灵活借鉴翻转课堂、JITT 教学法和线上线下混合式教学这 3 种教学模式，以满足不同课程和教学环节的需求。

在前期拍摄课程中，翻转课堂模式尤为适用。教师可以在课前为学生提供拍摄技巧、镜头语言等方面的视频资源，让学生自主学习理论知识。课堂上，学生分组进行实际拍摄练习，教师巡回指导，及时解决学生在实践中遇到的问题。这种教学模式不仅提高了学生的自主学习能力，还让课堂时间更加高效地用于实践操作。

对于影视剧本创作等理论性较强的课程，JITT 教学法可以发挥重要作用。教师课前布置预习任务，如阅读剧本创作理论书籍、观看经典剧本分析

视频，并要求学生提交预习报告和疑问。课堂上，教师根据学生的预习反馈，重点讲解学生普遍存在的问题，并组织小组讨论和创作练习。通过这种教学模式，学生能够更好地理解剧本创作的理论知识，并将其应用于实际创作中。

在影视后期制作课程中，线上线下混合式教学是理想的选择。线上部分，教师通过学习管理系统提供特效软件操作视频、在线测验和讨论区，学生可以根据自己的进度自主学习。线下课堂则用于实际操作练习和教师的现场指导。例如，学生在线上学习了特效软件的基本操作后，线下课堂上可以进行实际项目的制作，教师在一旁提供有针对性的指导和反馈。这种教学模式充分发挥了线上资源的灵活性和线下教学的互动性，使学生能够在自主学习和教师引导之间找到平衡，提升学习效果。

在影视制作类专业的教学中，教师可以根据具体课程内容和教学目标，灵活选择或融合这 3 种教学模式。例如，在一个完整的影视制作项目课程中，前期拍摄可以采用翻转课堂，剧本创作采用 JITT 教学法，后期制作采用线上线下混合式教学。通过这种综合应用，学生能够在不同阶段获得最适合自己的学习方式，从而全面提升影视制作的专业能力。

8.2.3 学习社群与协作学习组织

学习社群与协作学习组织是教育领域中两个紧密相关且日益重要的概念。学习社群是指一群有共同学习目标和兴趣的人，通过线上或线下的形式，进行知识分享、资源互助和共同进步的组织。这种社群不仅促进了个体之间的互动和合作，还通过共享资源和经验，帮助成员实现共同的学习目标。协作学习组织则更强调在特定的学习环境中，通过小组合作的方式，促进成员之间的互动和知识建构。它不仅包括面对面的学习形式，还包括网络学习环境中的合作学习。

在视频创作专业教学中，学习社群与协作学习组织的应用可以带来显著的信息增量和认知变化。

首先，学习社群提供了一个平台，学生可以通过共同的兴趣和目标建立联系，从彼此的交流和合作中获得丰富的学习经验。这种互动不仅拓宽了学习的维度，还为学生提供了情感上的归属感和认同感。例如，学生可以利用在线平台分享拍摄技巧、编辑软件的使用方法及创意构思等。

其次，协作学习组织强调通过小组合作来达成学习目标。在视频创作项目中，学生可以模拟真实的工作环境，进行分工合作，如编剧、拍摄、剪辑、后期特效和配音等。这种分工合作不仅能够提高学生的专业技能，还能够培养他们的团队协作能力和项目管理能力。学生可以使用在线协作工具（如 Adobe Express 等）进行视频编辑和项目管理，提高工作效率。

最后，利用网络学习空间可以进一步增强学习社群和协作学习组织的功能。网络平台提供了丰富的资源和工具，学生可以在线上进行讨论、分享文件、协作编辑视频等。例如，学生可以通过在线协作平台，实时编辑视频脚本，共同讨论拍摄方案，提高项目的执行效率。

在传统的影视制作行业中，项目的成功往往依赖于各个部门的紧密合作与高效沟通。导演、编剧、摄影、剪辑、音效等各个环节需要无缝衔接，只有这样才能确保作品的高质量完成。因此，传统的视频创作专业教学中，必须强化学生的团队合作能力。自媒体视频平台兴起之后，个人化的视频创作行为大量出现，但随着短视频领域内容竞争的升级，自媒体视频的创作也开始呈现出团队化的趋势，“自媒体、企业、专业机构等拥有的视频创作团队中，成员构成不局限在专业的拍摄、剪辑、后期，向策划、编导、电商直播、综合运营等方向延展，对应聚焦在 5 至 20 人范围的规模，激发了对多元复合型人才的大量需求”。①

8.2.4 项目制学习与探究式学习组织

项目制学习是一种以学生为中心的教学方法，通过将真实世界中的问题和挑战整合到课程内容中，激发学生的主动探究精神和解决问题的能力。探究式学习组织则是指在教学中创设类似于学术研究的情境，学生通过动手做、做中学、主动地发现问题、实验、操作、调查、收集与处理信息、表达与交

① 剪映、知萌咨询：《2022 视频创作行业趋势白皮书》，第 13 页。

流等探索活动，获得知识，培养能力，发展情感与态度，特别是发展探索精神与创新能力。

相比之下，探究式学习组织则更加注重学生自主探究的过程，它鼓励学生在教师的引导下，通过观察、实验、调查等多种方式，主动发现问题、提出假设、收集数据、分析并得出结论。这种学习方式强调学生的主体性，鼓励学生通过独立思考和团队协作，不断探索未知领域，培养其创新思维和解决问题的能力。

在视频创作专业教学中，项目制学习和探究式学习组织应按照以下的步骤进行。

第一步，确定项目主题。教师可以引导学生选择与视频创作相关的实际问题，如制作一部关于校园文化的短片，或为某个社会议题创作公益广告。这些项目主题不仅具有现实意义，还能激发学生的兴趣和参与度。第二步，设计项目流程。学生需要围绕选定的主题，设计整个视频创作流程，包括前期的策划、中期的拍摄和后期的编辑。在这个过程中，学生可以分成小组，每个小组负责一个项目，通过分工合作来完成任务。例如，一些学生负责撰写剧本，一些学生负责拍摄，还有一些学生负责剪辑和特效制作。第三步，实施项目。在项目实施过程中，学生需要运用所学的视频创作知识和技能，解决实际问题。教师可以提供必要的指导和支持，帮助学生克服困难。同时，学生可以通过在线平台和工具（如 Adobe Premiere、After Effects 等）进行视频编辑和特效制作。第四步，评估与反馈。项目完成后，教师可以组织学生进行项目展示和评估。通过展示，学生可以相互学习和借鉴，发现自己的不足之处。教师可以提供专业的反馈意见，帮助学生改进和提升。学生之间也可以进行互评，提出建设性的意见和建议。

值得一提的是，项目制学习和探究式学习组织不仅可以在项目期间发挥作用，还可以在项目结束后继续存在。通过持续的学习和交流，学生可以不断更新知识和技能，保持对视频创作的热情和兴趣。例如，学生可以在学习社群中定期组织线上或线下的研讨会，分享最新的行业动态和技术进展。

8.2.5 微认证与模块化学习组织

微认证是一种基于能力本位的教育模式，它将复杂、综合的能力素养分解为多个具体、可观察、可测量的素养项，以满足不同学习者的个性化需求。这种学习模式强调对学习者实践成果的认证考核，通过短期学习后获得的成果证明可以有效提升特定技能和能力。在微认证框架下，每个模块的学习成果都可以单独进行认证，认证结果既能独立使用，也能与其他认证结果组合使用。这种学习模式不仅灵活，而且高效，能够极大地促进学习的个性化和针对性。模块化学习组织的引入使得微认证的实施更加便捷，学习者可以根据自己的进度和兴趣，选择适合自己的学习模块，并通过微认证的方式获得相应的能力证明。

微认证的特点包括模块化、非正式、以技能为导向、灵活、可负担、时间较短、注重实践、行业认可、可堆叠等。模块化学习组织则侧重于将知识体系分成若干个独立且相互联系的学习单元，每个单元专注于特定的技能或知识领域。这些学习单元可以根据学习者的需求和兴趣进行自由搭配和按需选学，有助于应对信息超载和知识半衰期缩短的挑战。

在视频创作专业教学中，微认证与模块化学习组织的应用具有显著优势。

首先，视频创作涉及的知识和技能繁多，通过模块化学习组织，可以将这些知识和技能分解为多个具体的学习模块，如视频剪辑、音频处理、特效制作等。学习者可以根据自己的兴趣和职业规划，选择适合自己的学习模块进行深入学习。其次，每个学习模块的学习成果都可以通过微认证的方式进行认证。例如，学习者在完成视频剪辑模块的学习后，可以通过提交自己的剪辑作品进行认证，获得相应的能力证明。这种认证方式不仅有助于学习者明确自己的学习目标和成果，还能为他们未来的职业发展提供有力的支持。最后，微认证与模块化学习组织的结合还能够促进视频创作专业教学的创新和发展。通过不断更新和调整学习模块，引入最新的技术和理念，可以确保教学内容始终与行业需求保持同步。

8.3 视频创作人才培养的教学方法

在高等职业教育中，教学方法的选择对于提升教学效果和学生的学习体验至关重要。有效的教学方法能够帮助学生更好地理解和掌握知识，培养他们的实践能力和创新思维。下面我们将主要介绍 11 种微观层面的教学方法，这些教学方法主要关注一门课、一节课，甚至一个知识点的教学实施。这些教学方法涵盖了从案例分析到角色扮演，从情景模拟到游戏化教学等多种形式，旨在通过多样化的教学策略，激发学生的学习兴趣和主动性。每种教学方法都为教师提供了具体的实施步骤和评估方式，帮助他们在课堂上更有效地引导学生，促进学生的全面发展。通过这些教学方法的灵活运用，教师可以为学生创造一个互动性强、参与度高的学习环境，帮助他们在专业领域内更好地成长和发展，为未来的职业生涯打下坚实的基础。

8.3.1 案例教学法

案例教学法是一种通过模拟或重现现实场景，引导学生进行讨论和分析，从而达到教学目的的教学方法。它最早应用于法学界，后广泛应用于管理学、职业教育等领域。在高等职业教育中，案例教学法能够有效缩短理论与实践的差距，培养学生的实际操作能力和问题解决能力。

实施案例教学法的步骤如下。

第一步，确定教学目标。明确学生需达到的知识、技能和能力目标，与课程目标和学校要求相一致。

第二步，选择合适的案例。案例应具有真实性、完整性和争议性，能够激发学生的兴趣和思考。例如，在视频创作课程中，可以选择一个企业宣传视频的制作案例，包括策划、拍摄、剪辑等环节。

第三步，引入案例。教师通过文字、图片、视频等多种形式展示案例内容，让学生全面了解案例，并提出引导性问题，帮助学生明确分析方向。例如，介绍企业宣传视频的背景，如企业文化和宣传目的等。

第四步，分析案例。学生分组对案例进行分析和讨论，运用所学知识探讨问题和解决方案。教师巡视指导，鼓励学生发表不同观点，促进思想碰撞。例如，分析视频创作中的技术难题和创意瓶颈，让学生提出解决思路。

第五步，案例讲解与分析。教师对案例进行详细解析，引导学生理解关键知识和技能，总结经验教训。例如，讲解视频创作中的专业技巧和行业标准，让学生了解行业规范。

第六步，学生实践和应用。学生根据案例情境进行实践活动，巩固和应用所学知识和技能。在视频创作课程中，学生可以实际操作视频剪辑软件，完成一个小型视频项目。

实施案例教学法需要具备一定的条件。一方面需要有足够的案例资源，可以是教师收集整理的，也可以是行业的真实案例库。另一方面需要教师具备较高的专业素养和引导能力，能够有效地组织和引导学生进行案例分析和讨论。

8.3.2 角色扮演教学法

角色扮演教学法在高等职业教育中是一种极具互动性和实践性的教学方法，它通过让学生扮演特定的角色，置身于特定的情境之中，从而在角色互动的过程中理解和掌握知识与技能。这种教学方法能够充分调动学生的学习积极性，培养学生的沟通能力、团队协作能力和应变能力，尤其适用于那些需要学生具备良好人际交往能力和实际操作能力的专业课程。从教育领域的高水平学术资料来看，角色扮演教学法能够让学生在模拟的真实情境中提前体验职场环境，增强对专业知识的应用意识，为学生未来的职业发展提供有力支持，同时也为教师提供了观察和评估学生综合能力的直观途径。

实施角色扮演教学法的步骤如下。

第一步，精心设计角色与情境。教师需依据教学目标和课程内容，结合行业实际，设计出具有代表性和挑战性的角色与情境。以视频创作专业课程为例，可以设计一个视频创作团队接洽客户项目的情境，其中包括客户代表、视频创作团队的项目经理、创意策划师、摄像师等角色，情境涵盖项目洽谈、需求分析、方案制定等环节，确保涵盖课程中的核心知识点与技能点。

第二步，分配角色并明确任务。根据设计好的角色与情境，分配给学生不同的角色，并向学生明确每个角色的职责和任务要求。例如，客户代表需提出项目需求和预算限制，项目经理负责协调团队与客户之间的沟通，创意策划师需根据客户需求制定创意方案，摄像师则要根据方案提出拍摄计划和设备需求。

第三步，开展角色扮演活动。学生在设定的情境中按照角色职责开展互动活动，教师在此过程中扮演观察者和引导者的角色，适时提供专业指导和资源支持，确保活动顺利进行。例如，在项目洽谈环节，教师可以引导学生如何进行有效的沟通和需求挖掘、如何展示团队的专业能力和优势，以促成合作。

第四步，进行评估与反馈。角色扮演活动结束后，教师从角色扮演的准确性、沟通能力、团队协作、问题解决能力等多个维度对学生的活动表现进行综合评估，并给予详细反馈。同时，组织学生开展自我评估和小组互评，鼓励学生分享活动过程中的收获与困惑，总结经验教训，为今后的学习和实践提供参考。

实施角色扮演教学法需要一定的条件支持。首先，教学环境应具备一定的灵活性和可变性，能够根据不同的角色扮演情境进行快速调整和布置，营造出接近真实场景的氛围。其次，教师需具备丰富的教学经验和良好的课堂掌控能力，能够准确把握角色扮演的节奏和方向，及时解决活动中出现的问题，引导学生深入思考和积极参与。最后，还需要准备一些辅助道具和资料，如角色名片、项目资料、行业案例等，增强角色扮演的真实感和代入感，帮助学生更好地进入角色，提升教学效果。

8.3.3 情景模拟教学法

情景模拟教学法在高等职业教育中是一种极具实效性的教学方法，它通过构建接近真实工作场景的模拟环境，让学生在其中扮演特定角色，完成特定任务，从而实现知识与技能的深度整合与应用。这种教学方法能够有效激发学生的学习兴趣，提高学生的课堂参与度，培养学生的综合职业素养和实际操作能力，尤其适用于那些实践性强、与行业紧密相关的专业课程。从教育领域的高水平学术资料来看，情景模拟教学法不仅能够提升学生的专业技能，还能增强学生的团队协作能力、沟通能力和问题解决能力，为学生未来的职业发展打下坚实的基础。

实施情景模拟教学法的步骤如下。

第一步，精心设计情景。教师需依据课程目标和教学大纲，结合行业实际，设计出具有代表性和挑战性的模拟情景。以视频创作专业课程为例，可以设计一个为某知名品牌制作产品推广视频的项目情景，该项目需涵盖市场调研、创意策划、拍摄执行、后期剪辑与包装等环节，确保涵盖课程中的核心知识点与技能点。

第二步，合理分配角色。根据情景需求，分配给学生不同的角色，如项目导演、摄像师、剪辑师、编剧等，每个角色都有明确的职责和任务要求。例如，项目导演负责整体策划与团队协调；摄像师需熟练掌握拍摄技巧，确保画面质量；剪辑师则要运用专业软件进行视频剪辑与特效添加；编剧负责撰写创意文案与分镜头脚本。

第三步，开展模拟实践。学生在模拟情景中按照角色职责开展实践活动，教师在此过程中扮演引导者和协助者的角色，适时提供专业指导和资源支持。例如，在拍摄执行阶段，教师可以指导学生如何根据产品特点和目标受众选择合适的拍摄场景、角度和光线，以及如何运用镜头语言讲述产品故事，提升视频的吸引力和感染力。

第四步，进行评估与反馈。模拟实践结束后，教师从专业技能、团队协作、创新能力等多个维度对学生的实践成果进行综合评估，并给予详细反馈。同时，组织学生开展自我评估和小组互评，鼓励学生分享实践过程中的收获与困惑，总结经验教训，为今后的学习和实践提供参考。

实施情景模拟教学法需要一定的条件支持。首先，教学环境应具备模拟真实工作场景的条件，如配备专业的视频拍摄场地、灯光设备、摄像器材，以及后期剪辑工作室等，为学生提供一个接近实际工作环境的学习场所。其次，教师需具备丰富的行业经验和扎实的专业知识，能够准确把握行业动态和技能要求，为学生提供专业的指导和建议。最后，还需要准备充足的案例资源和教学资料，如优秀视频作品案例、行业标准规范、最新技术动态等，帮助学生拓宽视野，提升专业素养。

8.3.4 游戏化教学法

游戏化教学法在高等职业教育中是一种将游戏元素、游戏设计方法和游戏思维巧妙地融入教学过程的创新教学方法，它以激发学生的学习兴趣、提高学生的课堂参与度，并增强学生的学习动机为核心目标，通过竞争、合作、挑战等游戏机制，让学生在轻松愉快的氛围中掌握专业知识和技能。这种教学方法不仅能够有效促进学生的主动学习，还能培养学生的创新思维、问题解决能力和团队协作精神，尤其适合那些需要学生具备高度自主性和实践探索能力的专业课程。从教育领域的高水平学术资料来看，游戏化教学法为高等职业教育提供了一种全新的教学视角，有助于培养适应未来职场需求的创新型、应用型人才，使学生在游戏化的学习体验中提前适应职场竞争与合作的环境。

实施游戏化教学法的步骤如下。

第一步，精准设计游戏化教学内容。教师需深入分析教学目标和课程大纲，结合学生的专业需求和学习特点，精心设计游戏化教学内容。以视频创作专业课程为例，可以将视频拍摄技巧、剪辑流程、特效添加等知识点转化为一系列具有趣味性和挑战性的游戏任务。例如，设计一个“视频创作闯关赛”，学生需要在规定时间内完成从拍摄素材到成品输出的全过程，每个环节都设置不同的得分点和难度等级，如镜头稳定挑战、创意剪辑加分、特效运用评分等，让学生在完成任务的过程中逐步掌握专业知识和技能。

第二步，搭建沉浸式游戏化学习平台。利用现代教育技术，如虚拟现实、增强现实、在线学习管理系统等，搭建一个沉浸式的游戏化学习平台。在这个平台上，学生可以创建自己的虚拟角色，进入虚拟的视频创作工作室，使用虚拟的拍摄设备和剪辑软件进行操作。平台还可以设置排行榜、成就系统、虚拟货币等激励机制，激发学生的参与热情和竞争意识。例如，学生完成一个高质量的视频作品，可以获得虚拟货币奖励，用以解锁更高级的拍摄设备或特效插件，增强学习的趣味性和成就感。

第三步，引导学生沉浸式参与游戏。教师在游戏化教学过程中扮演引导者和协助者的角色，引导学生沉浸式地参与游戏。教师可以通过角色扮演、任务发布、实时指导等方式，帮助学生快速进入游戏状态，理解游戏规则和任务要求。在学生参与游戏的过程中，教师要及时关注学生的学习进度和遇到的问题，提供个性化的指导和帮助。例如，当学生在剪辑环节遇到技术难题时，教师可以及时提供在线教程或一对一辅导，帮助学生克服困难，继续推进游戏进程。

第四步，深度总结与反馈优化。游戏结束后，教师要组织学生进行深度总结和反馈。通过小组讨论、个人汇报、作品展示等方式，让学生分享游戏过程中的收获、挑战和感悟，促进学生之间的交流与学习。教师要根据学生的反馈和游戏数据，对游戏化教学活动进行全面评估，分析教学目标的达成情况、学生的学习效果和游戏设计的合理性。根据评估结果，教师要及时优化游戏化教学内容和平台功能，从而保证下一次游戏化教学活动可以提供更优质的教学体验。

实施游戏化教学法需要一定的条件支持。首先，需要有先进的教育技术支持，如高性能的计算机设备、稳定的网络环境、专业的游戏化教学软件等，以确保游戏化学习平台的流畅运行和功能实现。其次，教师需具备跨学科的知识背景和创新教学能力，能够将游戏设计、教育心理学、专业教学法等多学科知识融合应用，设计出富有教育意义和吸引力的游戏化教学活动。最后，还需要营造积极向上的学习文化和校园氛围，鼓励学生积极参与游戏化学习，培养学生的团队合作精神、竞争意识和创新思维，使游戏化教学法在高等职业教育中发挥出最大的教学效益，为学生的专业成长和职业发展奠定坚实基础。

8.3.5 讨论教学法

讨论教学法在高等职业教育中是一种极具价值的教学方法，它通过组织学生围绕特定主题进行深入探讨，促进学生之间的思想碰撞和知识共享，从而培养学生的批判性思维、沟通能力、团队协作精神及问题解决能力。这种教学方法能够让学生在互动交流中深化对专业知识的理解，拓宽视野，提升综合素养，尤其适用于那些需要学生具备较强分析判断能力和创新思维的专业课程。从教育领域的高水平学术资料来看，讨论教学法能够有效地激发学生的学习主动性，使学生从被动接受知识转变为主动探索知识，为学生未来的职业发展和终身学习奠定坚实基础，是高等职业教育中实现知识内化和能力提升的重要途径之一。

实施讨论教学法的步骤如下。

第一步，精准定位讨论主题。教师需深入分析教学目标和课程内容，结合行业动态、实际案例或学生关注的热点问题，精准定位具有探讨价值和启发性的讨论主题。以视频创作专业课程为例，可以选择“如何在短视频中巧妙融入品牌营销元素”这一主题。该主题不仅与视频创作的专业知识紧密相关，还涉及市场营销、品牌传播等跨学科内容，能够激发学生的思考和兴趣，引导学生从多角度分析问题，培养学生的综合应用能力。

第二步，科学分组与明确规则。根据学生的学习基础、性格特点和专业特长，将学生科学分组，每组人数以 4 至 6 人为宜，确保每个小组成员结构合理，能够充分发挥各自的优势。同时，向学生明确讨论的目标、规则和评价标准，如要求学生在讨论中积极发言、尊重他人意见、用专业术语表达观点、引用权威资料支持论点等，引导学生有序开展讨论，确保讨论的质量和效果。

第三步，引导学生深入讨论。在讨论过程中，教师需扮演引导者和协调者的角色，适时抛出问题、引导思路、调控节奏，确保讨论不偏离主题。例如，在讨论“如何在短视频中巧妙融入品牌营销元素”时，教师可以引导学生从品牌定位、目标受众、内容创意、拍摄手法等不同角度进行探讨，鼓励学生提出新颖的观点和想法，并及时对有价值的发言进行点评和总结，激发学生的思考热情。当学生在讨论中出现分歧或争议时，教师要善于引导学生进行理性分析和客观评价，帮助学生学会从不同视角看待问题，培养学生的批判性思维和辩证思维能力。

第四步，全面总结与反馈提升。讨论结束后，教师对各小组的讨论情况进行全面总结和点评，梳理讨论中的重点和亮点，指出存在的问题和不足，并提出改进建议。同时，鼓励学生进行自我反思和小组互评，让学生总结自己在讨论中的收获、困惑和成长，促进学生对知识的深入理解和能力的提升。教师可以根据学生的反馈，进一步优化讨论主题和教学方法，为后续的教学活动提供参考。

实施讨论教学法需要一定的条件支持。首先，需要有良好的教学环境和氛围，如舒适的讨论空间、灵活的桌椅布局、先进的多媒体设备等，为学生提供一个有利于交流和互动的学习场所，便于学生展示讨论成果和观看相关案例视频。其次，教师需具备丰富的专业知识和教学经验，能够敏锐地捕捉学生讨论中的关键信息，及时引导学生深入思考，同时还要具备良好的课堂管理能力，确保讨论有序进行。最后，还需要提前准备充分的讨论资料，如相关文献、案例视频、行业报告、专业软件教程等，为学生提供丰富的信息支持，帮助学生更好地开展讨论，提升讨论的深度和广度。例如，在讨论品牌营销元素融入短视频时，可以提供一些成功的品牌营销短视频案例，让学生分析其成功之处，同时提供一些品牌营销理论资料，帮助学生从理论层面进行深入探讨，使讨论更加有理有据。

8.3.6 辩论教学法

辩论教学法是一种在教学过程中通过组织学生围绕特定主题进行辩论，以培养学生的批判性思维、沟通能力、团队协作精神和问题解决能力的教学方法。这种教学方法基于建构主义学习理论，强调学生的主动参与和互动，通过辩论实现知识的建构与内化。在高等职业教育中，辩论教学法能够有效激发学生的学习兴趣，提高学生的课堂参与度，培养学生的综合素质，尤其适用于那些需要学生具备较强分析判断能力和创新思维的专业课程。

实施辩论教学法的步骤如下。

第一步，精心选择辩论主题。教师需依据教学目标和课程内容，结合行业动态、实际案例或学生关注的热点问题，精心选择具有探讨价值和启发性的辩论主题。例如，在视频创作专业课程中，可以选择“短视频内容创新策略的利与弊”这一主题。该主题不仅与视频创作的专业知识紧密相关，还涉及市场营销、品牌传播等跨学科内容，能够激发学生的思考和兴趣。

第二步，合理分组与明确规则。根据学生的学习基础、性格特点和专业特长，将学生科学分组，每组人数以 4 至 6 人为宜，确保每个小组成员结构合理，能够充分发挥各自的优势。同时，向学生明确辩论的目标、规则和评价标准，如要求学生在辩论中积极发言、尊重他人意见、用专业术语表达观点、引用权威资料支持论点等，引导学生有序开展辩论，确保辩论的质量和效果。

第三步，引导学生深入辩论。在辩论过程中，教师需扮演引导者和协调者的角色，适时抛出问题、引导思路、调控节奏，确保辩论不偏离主题。例如，在辩论“短视频内容创新策略的利与弊”时，教师可以引导学生从品牌定位、目标受众、内容创意、拍摄手法等不同角度进行探讨，鼓励学生提出新颖的观点和想法，并及时对有价值的发言进行点评和总结，激发学生的思考热情。当学生在辩论中出现分歧或争议时，教师要善于引导学生进行理性分析和客观评价，帮助学生学会从不同视角看待问题，培养学生的批判性思维和辩证思维能力。

第四步，全面总结与反馈提升。辩论结束后，教师对各小组的辩论情况进行全面总结和点评，梳理辩论中的重点和亮点，指出存在的问题和不足，并提出改进建议。同时，鼓励学生进行自我反思和小组互评，让学生总结自己在辩论中的收获、困惑和成长，促进学生对知识的深入理解和能力的提升。教师可以根据学生的反馈，进一步优化辩论主题和教学方法，为后续的教学活动提供参考。

实施辩论教学法需要一定的条件支持。首先，需要有良好的教学环境和氛围，如舒适的辩论空间、灵活的桌椅布局、先进的多媒体设备等，为学生提供一个有利于交流和互动的学习场所，便于学生展示辩论成果和观看相关案例视频。其次，教师需具备丰富的专业知识和教学经验，能够敏锐地捕捉学生辩论中的关键信息，及时引导学生深入思考，同时还要具备良好的课堂管理能力，确保辩论有序进行。最后，还需要提前准备充分的辩论资料，如相关文献、案例视频、行业报告、专业软件教程等，为学生提供丰富的信息支持，帮助学生更好地开展辩论，提升辩论的深度和广度。例如，在辩论品牌营销元素融入短视频时，可以提供一些成功的品牌营销短视频案例，让学生分析其成功之处，同时提供一些品牌营销理论资料，帮助学生从理论层面进行深入探讨，使辩论更加有理有据。

8.3.7 探究式教学法

探究式教学法，又称发现法、研究法，是一种以问题为导向，以学生为中心的教学方法，它强调学生在教师的指导下，通过观察、实验、思考、讨论等方式，自主地发现和掌握知识，解决问题，提高能力。这种教学方法最早由美国教育家约翰·杜威提出，他认为科学教育不仅要让学生学习大量知识，更重要的是学习科学研究的过程或方法。

实施探究式教学法的步骤如下。

第一步，创设情境，激发自主探究欲望。探究式教学的载体与核心是问题，学习活动是围绕问题展开的。教师需根据教学目的和内容，精心设计难度适度、逻辑合理的问题，激发学生的探究欲望。例如，在视频创作专业课程中，可以提出“如何通过短视频有效传播品牌信息”这一问题，引导学生从品牌定位、目标受众、内容创意等角度进行探讨。

第二步，开放课堂，发掘自主探究潜能。在富有开放性的问题情境中进行实验探究，教师帮助学生拟定合理的研究计划，选择恰当的方法，并提供必要的实验条件或资料。学生通过动手实验或查阅资料，寻求问题的答案，提出假设。这个过程可以由单个学生完成，也可以分组合作完成，从而培养学生的团队精神。例如，在讲授“三角形稳定性”时，教师可以引导学生通过实际操作，理解三角形在桥梁结构中的应用。

第三步，适时点拨，诱导探究的方向。在学生探究过程中，教师应适时给予点拨，引导学生正确的方向。当学生遇到困难或误解时，教师可以提供适当的提示，帮助学生继续探究。例如，在学生探讨“平行四边形的性质”时，教师可以提示学生通过测量和对比，发现平行四边形的对边相等。

第四步，在课堂上进行合作探究，训练主动学习的能力。在探究教学中，教师是引导者，学生是探究者。教师进行启发诱导，学生则通过自主探究发现新事物。在课堂上，学生交流自学成果，互相启发，共同探讨。例如，可以让学生在四人小组中交流自学成果，然后派代表在全班汇报。

实施探究式教学法对教学条件的要求不高，但对教师的能力要求较高。首先，教师应具备丰富的专业知识和教学经验，能够敏锐地捕捉学生探究过程中的关键信息，及时引导学生深入思考，同时还要具备良好的课堂管理能力，确保探究活动有序进行。其次，教师应能够灵活运用教学技巧，引导学生进行理性探究，避免探究过程中的混乱和无序。最后，教师还要提前准备充分的探究资料，如相关文献、案例视频、行业报告、专业软件教程等，为学生提供丰富的信息支持，帮助学生更好地开展探究，提升探究的深度和广度。

8.3.8 启发式教学法

启发式教学法在高等职业教育中是一种以教师引导、学生主动参与为核心的教学方法，通过教师的巧妙提问和引导，激发学生的思维活力，培养学生的自主学习能力和创新思维。这种教学方法能够让学生在教师的启发下积极思考、主动探索，从而深化对专业知识的理解，提升综合素养，尤其适用于需要学生具备较强分析判断能力和创新思维的专业课程。启发式教学法能够有效激发学生的学习主动性，使学生从被动接受知识转变为主动探索知识，为未来的职业发展和终身学习奠定坚实基础。

实施启发式教学法的步骤如下。

第一步，精心设计启发性问题。教师根据教学目标和课程内容，设计具有启发性和引导性的问题。这些问题应能激发学生的思考和兴趣，引导他们深入探索知识的内在联系。例如，在视频创作课程中，可以设计问题“如何通过镜头语言增强视频的叙事性?”“不同色彩搭配对观众情绪的影响有哪些?”。这些问题不仅与专业知识紧密相关，还能引导学生从多个角度进行思考，从而培养学生的创新思维。

第二步，引导学生自主思考。在课堂上，教师通过提问引导学生自主思考，鼓励学生积极发言，表达观点。教师应保持耐心，给予学生充分的时间和空间进行思考，避免过早给出答案。例如，提出“如何通过镜头语言增强视频的叙事性?”后，先让学生自己思考，再分享想法，教师适时引导和补充。

第三步，组织学生讨论交流。教师组织学生进行小组讨论或全班交流，分享思考成果。在讨论中，教师应鼓励学生相互启发、补充，形成良好的互动氛围。例如，讨论“不同色彩搭配对观众情绪的影响”时，学生分享观察到的色彩与情绪的关系，教师引导学生结合视频创作的实际应用进行深入探讨。

第四步，总结提升，拓展应用。

实施启发式教学法的条件支持与探究式教学法类似，不复赘言。需要说明的一点是，探究式教学法和启发式教学法有很多相似之处。两者都强调学生的主动参与和自主学习、鼓励学生在学习过程中积极思考和探索。在这两种教学方法中，教师都扮演着引导者的角色，而不是单纯的知识传授者，教师通过提问、引导和启发，帮助学生理解和掌握知识。两者都旨在培养学生的批判性思维、问题解决能力和创新精神，提升学生的综合素质。但是在教学实践中，两种教学方法又各有侧重。探究式教学法强调学生通过实际操作、实验和调查等实践活动，自主发现问题、提出假设、进行验证和总结结论，注重学生的实践能力和科学精神的培养。而启发式教学法则侧重于教师通过巧妙地提问和引导，激发学生的思维，帮助学生理解和掌握知识，培养学生的思维能力和解决问题的能力。两者虽然都旨在培养学生的综合素质，但探究式教学法更注重学生的自主探究过程，启发式教学法更注重教师的引导和启发。在实际教学中，这两种教学方法可以结合使用，以达到更好的教学效果。

8.3.9 问题导向教学法

问题导向教学法在高等职业教育中是一种以实际问题为起点，通过学生自主探究和解决问题来促进学习的教学方法。这种教学方法强调把学习设置在复杂、有意义的“问题情境”中，通过让多位学习者合作解决实际问题，培养学生的自主学习能力、团队合作能力和问题解决能力。问题导向教学法最早起源于20世纪50年代的医学教育，1969年由美国神经病学教授贝罗尔斯在加拿大的麦克马斯特大学首次应用。

实施问题导向教学法的步骤如下。

第一步，教师需设计一个与实际工作或生活相关的复杂问题情境，激发学生的兴趣和求知欲。例如，在视频创作课程中，可以提出“如何为一家本地企业制作一部有效的品牌宣传视频?”。这个问题不仅与视频创作的专业知识紧密相关，还涉及市场营销、品牌传播等跨学科内容，能够引导学生从多角度分析问题。

第二步，引导学生对提出的问题进行讨论，明确主要问题和学习目标。在这个过程中，教师可以帮助学生梳理问题的各个方面，确保每个学生都对问题有清晰的理解。学生分组进行自主探究，收集资料，分析问题，提出假设和解决方案。教师在此过程中提供必要的指导和支持，但不直接给出答案，鼓励学生自己寻找解决方案。例如，学生可以分组调研不同的视频创作技巧、品牌传播策略等，并设计出初步的视频创作方案。之后，各小组分享自己的探究成果，进行讨论和交流。教师在此过程中应鼓励学生提出不同的观点和方法，促进思维的碰撞。通过小组间的互动，学生可以不断完善自己的解决方案。

第三步，学生将理论应用于实践，制作视频，并对整个过程进行反思。教师可以引导学生评估自己的学习过程和成果，总结经验教训，为未来的学习和实践提供参考。

实施问题导向教学法的条件支持与探究式教学法、启发式学习法类似，这里不再详细阐述。

8.3.10 反思教学法

反思教学法是一种以学生自我反思为核心的教学方法，通过引导学生对学习过程、学习内容、学习方法和学习结果进行深入思考，帮助学生总结经验、发现问题、调整策略，从而提升学习效果和自我管理能力。这种教学方法不仅能够增强学生的自主学习意识，还能培养学生的批判性思维和自我评估能力，特别适用于需要学生具备较强自我管理和持续学习能力的课程。

实施反思教学法的步骤如下。

第一步，教师需在课程开始时向学生介绍反思的重要性，明确反思的目标和方法，鼓励学生在学习过程中保持记录，如学习日记、反思报告等。

第二步，教师在教学过程中定期安排反思活动，如课堂讨论、小组分享等，引导学生分享学习中的成功经验和遇到的困难。教师指导学生如何进行深入反思，提供反思框架或问题清单，帮助学生从多个角度分析学习过程。例如，可以引导学生思考“我在学习中哪些方法最有效?”“我在哪些方面还需要改进?”等问题。反思过后，教师组织学生进行反思总结，让学生将反思结果整理成书面报告或口头汇报，分享给全班同学。

第三步，教师对学生的反思进行评价和反馈，指出反思中的亮点和不足，提出改进建议，帮助学生将反思结果转化为实际行动。

反思教学法具有多个显著特点。首先，反思教学法能够增强学生的自主学习意识，让学生在学习过程中更加主动地思考和调整学习策略。其次，通过反思，学生能够更好地理解自己的学习风格和优势，发现学习中的不足，从而有针对性地进行改进。最后，反思教学法有助于培养学生的批判性思维和自我评估能力，使学生在学习过程中不仅关注结果，更注重过程的优化和提升。

反思教学法特别适用于需要学生具备较强自我管理和持续学习能力的课程。例如，在高等职业教育中的项目管理课程中，学生可以通过反思教学法总结项目实施过程中的经验教训，优化项目管理方法；在创意写作课程中，学生可以通过反思教学法提升写作技巧，丰富创作思路。通过这种方式，学生不仅能够提升学习效果，还能培养自我管理和持续学习的能力，为未来的职业发展和终身学习奠定坚实基础。

8.3.11 张贴板教学法

张贴板教学法是一种以学生为中心的研讨式教学方法，通过在张贴板上钉上由学生或教师填写的有关讨论或教学内容的卡片，借助对这些卡片的添加、移动、移除或更换等操作，进行研讨并得出结论。这种教学方法不仅能够激发学生的学习积极性，还能在较短时间内获取大量信息，充分展示教学活动的全过程。张贴板教学法特别适用于需要学生积极参与和集体讨论的课程，如管理学、法学、临床医学等，能够有效培养学生的综合素质和职业能力。

实施张贴板教学法的步骤如下。

第一步，教师需准备本教学单元的题目、教学目标、各个教学过程的阶段划分等，并准备张贴板、书写卡片、记号笔、大头针等教具。张贴板通常采用硬泡沫塑料或软木板，尺寸一般不小于 2 张整开纸大小。

第二步，教师提出要讨论或解决的课题，并将题目写在白纸、长方形或特殊形状的卡片上，用大头针别在张贴板上，常采用谈话或讨论方式开题。

第三步，学生将自己的意见以关键词的形式写在卡片上，并由教师、学生或学生代表钉在张贴板上。一般一张卡片只能写一种意见，允许每个学生写多张卡片。然后师生共同通过添加、移动、移除、分组和归类等方法，将卡片进行整理合并、系统化处理，最终得出结论。

第四步，教师总结讨论结果，必要时可用各种颜色的连线、箭头、边框等符号写在卡片上，学生记录最终结果。教师在教学过程中应尽量节制自己的行为，通过富有艺术性的提问或介绍，促使学生积极主动地思考、讨论和表达自己的意见。

张贴板教学法具有多个显著特点。首先，张贴板教学法能够调动学生的学习积极性，让学生动手写卡片、钉卡片、研究卡片，最大程度地调动所有学生的学习积极性。其次，张贴板教学法能够在短时间内获取较多的信息，有效地克服了传统教学方法中信息记录和整理的困难。再次，张贴板上的内容既能展示讨论的过程，又能展示讨论的结果，充分展示了教学活动的全过程。最后，张贴板教学法适用性广泛，适用于多种教学目标，包括制订工作计划、收集解决问题的建议、讨论和做出决定、收集和界定问题、征询意见等。

张贴板教学法特别适用于需要学生积极参与和集体讨论的课程。例如，在管理学课程中，可以用来讨论企业战略规划；在法学课程中，可以用来分析法律案例；在临床医学课程中，可以用来讨论病例诊断和治疗方案。通过这种方式，学生不仅能够深入理解专业知识，还能提升团队合作能力和问题解决能力。

讨论了上述多种教学方法后，下面我们聚焦于这些教学方法在视频创作专业的应用。表 8-1 展示了上述 11 种微观教学方法在视频创作类课程中的应用。

表 8-1　11 种微观教学方法在视频创作类课程中的应用

教学方法的名称	在视频创作类课程中的应用	适用的课程阶段	评估方式	优势	挑战
案例教学法	分析经典视频作品的制作流程和创意点，学生讨论并总结经验教训，应用于自己的视频项目中	初级阶段（理论学习）	项目报告、课堂讨论	借鉴成功经验，提升创作水平	需要丰富的案例资源
角色扮演教学法	学生扮演视频创作团队中的不同角色，如导演、摄像师、剪辑师等，完成一个视频项目的制作	中级阶段（团队协作）	角色扮演表现、项目成果	体验团队协作和角色分工	需要良好的团队管理和协调能力
情景模拟教学法	模拟视频拍摄现场，学生分组进行实际拍摄操作，教师提供现场指导和反馈	中级阶段（实践操作）	拍摄作品、现场表现	解决实际问题，提升应变能力	需要逼真的场景和设备支持
游戏化教学法	设计视频创作相关的游戏任务，如拍摄挑战、剪辑比赛等，激发学生的学习兴趣和竞争意识	初级阶段（激发兴趣）	游戏得分、作品质量	激发学习兴趣和竞争意识	需要设计有趣的游戏任务

续表

教学方法的名称	在视频创作类课程中的应用	适用的课程阶段	评估方式	优势	挑战
讨论教学法	围绕视频创意、拍摄技巧、后期剪辑等主题，组织学生进行小组讨论，分享经验和见解	初级阶段（理论学习）	讨论参与度、观点质量	提升沟通能力和批判性思维	需要良好的课堂管理和引导技巧
辩论教学法	选择视频创作中的争议性话题，如“短视频是否应该追求流量至上”等，组织学生进行辩论	中级阶段（批判性思维）	辩论表现、逻辑严密性	提升批判性思维和表达能力	需要教师具备良好的辩论指导能力
探究式教学法	提出“如何提高视频的观众留存率”等问题，学生分组进行探究，提出解决方案并进行实践验证。	高级阶段（创新实践）	研究报告、实践成果	提升创新能力和实践能力	需要学生具备一定的研究能力
启发式教学法	提出“如何通过镜头语言讲述故事?”等问题，引导学生思考并分享自己的创意和想法	初级阶段（理论学习）	创意质量、思考深度	提升思维能力和创意表达	需要教师具备丰富的专业知识和引导能力
问题导向教学法	提出“如何为一家本地企业制作一部有效的品牌宣传视频?”等问题，学生分组进行调研、策划、拍摄和剪辑，完成项目并进行评估	高级阶段（综合应用）	项目成果、评估报告	提升综合应用能力和项目管理能力	需要教师具备项目指导和评估能力
反思教学法	学生在完成视频项目后，撰写反思报告，总结项目中的成功经验和需要改进的地方	高级阶段（项目总结）	反思报告质量、改进措施	提升自我评估和持续学习能力	需要学生具备自我反思的能力
张贴板教学法	在张贴板上展示视频创作的各个阶段，学生填写自己的想法和建议，教师进行点评和总结	中级阶段（团队协作）	参与度、创意质量	提升团队合作和问题解决能力	需要张贴板和卡片等教具支持

在高等职业教育的实践中，上述 11 种微观层面的教学方法为教师提供了丰富的教学工具，每一种教学方法都针对不同的教学目标和学生需求，提供了独特的解决方案。这些教学方法不仅丰富了教师的教学手段，还为学生提供了多样化的学习体验，可以帮助他们在专业领域内更好地成长和发展。通过这些教学方法的灵活运用，教师可以为学生创造一个互动性强、参与度高

的学习环境，激发他们的学习兴趣和创新精神。最终，这些教学方法将助力学生在未来的职场中脱颖而出，实现个人价值和职业目标。

8.4 数字资源与数智化教学工具

随着教育信息化的加速发展，传统的教学模式正逐步被打破，数字资源的丰富性和数智化工具的高效性为视频创作专业教学带来了新的机遇。如何将海量的数字资源精准整合到教学体系中，以及如何利用智能教学工具优化教学流程、激发学生的学习兴趣和创造力，成为当前教学改革的关键点。下面我们将深入探讨数字资源与数智化教学工具在视频创作人才培养中的应用策略，助力教师更好地利用现代技术手段，提升教学效果，培养适应未来产业发展的高素质视频创作人才。

8.4.1 在线视频教程与慕课资源

在线课程平台提供了丰富的视频创作类课程资源，这些平台通常汇集了来自不同高校的优质课程，涵盖了视频创作的各个方面，包括理论讲解、实践操作、案例分析等。

中国大学慕课平台上有许多与视频创作相关的课程，此外，腾讯课堂、网易云课堂等在线教育平台也提供了大量的视频创作课程，这些课程由专业讲师或行业专家讲授，内容实用且针对性强，适合不同水平的学生学习。教师可以将这些课程资源作为课堂教学的补充，学生也可以在课后进行自主学习，提高自己的视频创作技能。

智慧树平台也提供了丰富的视频创作类课程，如短视频策划与制作、短视频策划与编辑等。这些课程通过项目式教学，帮助学生掌握短视频的选题策划、内容创作、视频拍摄、视频创作和发布等技能。学生可以在平台上进行项目实践，完成真实的短视频创作项目，教师也可以通过平台进行项目指导和评价，实现教学的实践性和创新性。

8.4.2 虚拟拍摄实验室和模拟工具

虚拟拍摄实验室是一种创新的教学平台，它利用计算机图形学和实时渲染技术，将虚拟场景与真实拍摄相结合，为学生提供了一个沉浸式的拍摄体验。这种实验室通常配备有高分辨率的LED屏幕，用于显示虚拟背景和特效；精确的追踪系统，用于实时捕捉摄像机和演员的位置和运动；专业的摄像机和灯光设备，用于拍摄高质量的视频内容。类似的资源，还包括虚拟摄影棚和虚拟剪辑室等。这些资源作为新技术驱动下的新型数字化教学资源，正逐步改变着视频创作类课程的教学方式和学习体验。这些资源不仅模拟了真实的视频创作环境和操作过程，更为学生提供了一个安全、高效且充满实践性的学习平台。它们不仅丰富了教学资源，还极大地提升了学生的学习兴趣和效果，成为现代视频创作教育的重要发展方向。

除了虚拟拍摄实验室、虚拟摄影棚和虚拟剪辑室外，很多高职院校还采用各种模拟工具来辅助教学。例如，用虚拟特效制作工具模拟出复杂的视频特效制作过程，使用光线追踪模拟工具来创建逼真的光影效果等。

虽然虚拟拍摄实验室和模拟工具在国内高职影视专业中并未广泛使用，但其发展势头迅猛，是高职影视专业教学资源建设的重要方向之一。

8.4.3 行业资讯与社区资源

行业资讯与社区资源是视频创作类课程中获取实践经验和创新灵感的重要途径。国内比较有代表性的此类网站有影视工业网、新片场社区等。

新片场社区是较为知名的平台之一，它专注于影视创作，汇聚了大量导演、制片、编剧等影视制作人员。在这里，用户可以上传自己的影视作品，浏览他人的创作，参与作品点评和互动讨论。学生可以通过浏览社区中的优秀作品，学习不同的拍摄手法、剪辑技巧和叙事风格，提升自己的创作能力。同时，参与社区讨论，与其他制作者交流心得，能够激发学生的创作灵感，拓宽创作思路。对于教师而言，新片场社区也是一个宝贵的教学资源。教师可以挑选社区中的优质作品作为教学案例，引导学生进行分析和讨论，帮助学生深入理解影视制作的各个环节和技巧。

喵影学社也是一个值得关注的视频创作学习社区。喵影学社依托万兴喵影这款视频编辑软件，提供了系统化的视频创作课程。这些课程涵盖了从基础操作到高级技巧、从电商宣传到动漫制作等多个领域，能够满足不同学习者的需求。喵影学社还注重实践能力的培养，通过标杆体系和认证体系，鼓励学习者参与实战项目，提升个人影响力和创作能力。对于教师而言，喵影学社的课程资源和社区讨论功能可以作为课堂教学的有益补充，丰富教学内容，激发学生的学习兴趣和积极性。

此外，国内还有许多其他视频创作社区，如V电影、拍客网等，学生可以借助这些资源拓宽学习渠道，提升创作能力。

8.4.4 职业技能培训平台资源

职业技能培训平台在视频创作教育领域扮演着至关重要的角色，它们为学习者提供了通往专业化和认证化的便捷途径。随着国内视频创作行业的蓬勃发展，越来越多的职业技能培训平台开始涉足这一领域，为学习者提供了丰富多样的视频创作相关培训课程和认证服务。

在众多职业技能培训平台中，腾讯课堂、网易云课堂等在线教育平台较为知名。这些平台不仅汇聚了海量的视频创作课程资源，而且课程内容丰富、实用性强，能够满足不同学习者的需求。课程由行业内的专家和资深从业者亲自讲授，他们凭借丰富的实践经验和深厚的理论基础，为学习者带来了深入浅出的教学体验。这些课程不仅涵盖了视频创作的基础知识和技巧，还包括了高级特效制作、色彩校正与调色、音频处理等视频创作专业内容，使学习者能够全面掌握视频创作的各个环节。

除了专业课程外，这些平台还提供了在线测试和认证服务，为学习者提供了一个检验学习成果、获得行业认可的职业技能证书的绝佳机会。这些证书不仅是对学习者技能水平的权威证明，更是提升就业竞争力、拓宽职业道路的有力武器。例如，通过参加腾讯课堂的视频创作培训课程和认证考试，学习者可以获得视频创作师、视频剪辑师等职业技能证书。网易云学堂推出了视频创作精英认证、影视后期制作师认证等相关证书。这些证书在行业内具有较高的认可度，能够为学习者在求职过程中增添不少亮点。

在视频创作类课程中，教师可以充分利用这些职业技能培训平台资源，引导学生进行自主学习和认证。通过推荐优质课程、提供学习指导、组织认证考试等方式，教师可以帮助学生系统地学习视频创作的理论和实践知识，并鼓励他们积极参与认证考试，以获得行业认可的职业技能证书。这不仅有助于提升学生的专业技能水平，还能激发他们的学习兴趣和动力，为未来的职业发展打下坚实的基础。

8.4.5　电子书与期刊资源

数字化图书馆是获取专业知识的重要渠道。众多知名图书馆，如中国国家图书馆等，已将大量馆藏资源数字化，供读者免费在线访问。在这些资源中，不乏关于视频剪辑、特效制作、色彩管理等视频创作核心技能的专业书籍，以及与影视艺术、数字媒体理论相关的经典著作，为学习者构建了坚实的知识基础。

数字化期刊资源也是非常有价值的专业资源。国内外相关领域的很多专业期刊都已实现数字化出版，部分期刊对订阅用户开放全文阅读，部分文章可免费查阅摘要或预览部分内容。这些期刊不仅发表了最新的研究成果，还涵盖了行业动态、技术革新等多个方面，为学习者提供了紧跟时代步伐的知识更新渠道。

8.4.6　数字化作业与测评系统

数字化作业与测评系统在视频创作类课程中扮演着重要的辅助教学角色。这些系统集成了在线作业布置、提交、批改及在线测评等一系列功能，为教师提供了便捷的教学管理工具，同时也有助于教师及时、准确地了解学生的学习进度和掌握情况。

在视频创作教育领域，一些知名的在线教育平台，如网易云课堂、腾讯课堂等，已经提供了成熟的数字化作业系统。这些系统允许教师根据课程内容和学生需求，灵活布置与视频剪辑、特效制作、色彩管理等相关的作业题目。学生则可以在线提交作业，系统能够实时记录并展示作业完成情况，为教师提供及时的反馈。

在线测评系统是数字化作业与测评系统的另一重要组成部分。这些系统允许教师设计多样化的测评题目，对学生的知识掌握、技能运用，以及问题解决能力进行全面考察。同时，系统还能够自动生成测评报告，为教师提供客观、准确的学生学习成果评价。

在高职院校中，某些专业的视频创作教学平台也提供了在线测评功能。这些平台通常会根据视频创作行业的标准和要求，设计一系列测评题目，以检验学生的专业技能和创作能力。通过在线测评，教师可以更加准确地了解学生的学习情况，进而调整教学策略和方法。例如，在新片场社区，教师可以通过发布测评任务，要求学生提交视频作品进行评测。系统会根据预设的评分标准，对学生的作品进行自动评分和反馈。V电影也提供了在线测评功能，主要面向视频创作专业的学生和从业者。测评内容涵盖了视频剪辑、特效制作、色彩管理等多个方面。通过在线测评，学生可以检验自己的专业技能水平，并获取有针对性的改进建议。

数字化作业与测评系统还具备强大的数据分析功能。教师可以利用系统收集的学习数据，深入分析学生的学习情况和需求。通过数据分析，教师可以发现学生的学习难点和薄弱环节，进而调整教学策略和方法，优化课程设计。这种基于数据的个性化教学不仅能够提升学生的学习兴趣和积极性，还能够促进他们的全面发展。

8.4.7 数智化互动教学工具

数智化互动教学工具在视频创作类课程中扮演着重要角色，能够增强教学互动性和提升实践效果。国内存在多种此类工具，以下是一些比较有代表性的互动教学工具。

雨课堂是一款智能教学工具，它通过整合 PowerPoint 和微信的相关功能，实现课前预习、课堂教学和课后复习的全流程覆盖。教师能够利用该平台推送包含视频、习题和语音讲解的预习材料，帮助学生提前了解课程内容。课堂上，实时答题和弹幕互动功能可激发学生的参与热情，使教学过程更加生动。课后，教师可依据平台提供的数据反馈，洞察学生的学习状况，进而调整教学策略。

慕课堂是中国大学慕课平台推出的轻量化智慧教学工具，它以微信端小程序和电脑端教学后台为依托，核心目的是解决在线课程与课堂教学相结合的难题。学生通过微信小程序参与课堂，非常便捷地使用签到、点名、练习、问卷和公告等功能，慕课堂提供了丰富的课堂互动形式。同时，教师能够借助后台数据，全面了解学生的学习表现，实现精准教学，提升教学质量。慕课堂可以用于课堂教学的各个环节，如导入新课、讲解重点、巩固练习等，增强课堂教学的互动性和趣味性。

UMU 互动学习平台是一款综合性的数智化教学工具，支持课程管理、互动教学和数据反馈。教师可以利用其课程管理功能灵活搭建课程结构，支持多个课程的小节自定义，便于开展系列课程。互动工具，如在线测试、讨论区和投票等，能够有效提升课堂的互动性和学生的参与度。数据反馈功能可以自动记录课程参与情况和完成率，提供量化报告，帮助教师实时了解学生的学习进度。此外，UMU 互动学习平台的个性化学习功能支持根据学生的学习情况制定个性化的学习计划和作业，而微课制作功能则提供了多种制作方式，可以满足不同的教学需求。

对分易教学平台是一款面向移动互联网的教学管理工具，其与微信集成，无需下载，扫码即可进入课堂，师生无须互加好友，可以一键送达公告、作业、考勤、成绩、试卷、分组等消息。作业形式多样，支持学生互评，互动功能，如随机提问、弹幕互动、分组讨论和在线练习等，能够活跃课堂气氛，培养学生的团队精神。考试统计分析功能可以提供大量试题，支持任意组卷，组织在线考试方便快捷，成绩分析可以直观反映学生的学习情况。个性化学习功能允许教师根据学生的学习情况制定个性化的学习计划和作业。

8.4.8　云端协作平台与项目管理工具

云端协作平台与项目管理工具在高校视频创作类课程中发挥着至关重要

的作用，它们不仅提高了教学和学习的效率，还促进了学生团队合作和项目管理能力的培养。这些工具通过提供在线协作、文件共享、任务分配和进度跟踪等功能，为教师和学生提供了一个便捷的平台，以便更好地完成课程项目和教学任务。

云端协作平台为视频创作类课程提供了强大的在线协作功能，使教师和学生能够在任何时间、任何地点进行项目合作。除了腾讯文档，还有其他一些优秀的云端协作平台，如石墨文档和金山文档。石墨文档提供了文档、表格、幻灯片等功能，支持文档内实时讨论。金山文档则配合 WPS 办公软件一起使用，登录个人账户后，文档随时云端本地同步。在视频创作课程中，教师可以利用这些平台创建项目计划书、脚本和分镜头大纲，学生可以在文档中实时协作，共同完成项目任务。这种实时协作不仅提高了工作效率，还增强了学生的团队合作能力。

部分剪辑工具提供了在线协作编辑功能。例如，剪映的云小组功能支持小组成员在云端合作剪辑视频，教师或学生创建小组并将视频上传至云空间中，小组成员就能轻松地进行在线协作和编辑。小组成员可以实时查看和修改彼此的剪辑作品，极大地提高了协作的效率和质量。

项目管理工具可以帮助教师和学生更好地组织和管理视频创作项目，确保项目按时完成并达到预期目标。例如，Teambition 提供任务分配、进度跟踪、文件共享和团队沟通等功能。在视频创作课程中，教师可以利用 Teambition 创建项目任务列表，将项目分解为多个小任务，并分配给不同的学生团队。学生可以在平台上查看任务详情、提交任务进度和上传项目文件，教师可以实时监控项目的整体进度，及时调整任务分配和时间安排。通过这种方式，教师可以更好地管理课程项目，确保每个环节都能顺利进行，学生也能在实践中学习到项目管理的基本技能。

8.4.9 人工智能辅助创作工具

除了前文列举的资源和工具，各类人工智能辅助创作工具也越来越多地被应用到了视频创作类课程的教学活动中。这些工具涉及视频生成、视频处理、绘画、画质修复、脚本制作、配乐、PPT 制作、图文设计等多个方面，关于此类工具的信息在各类媒体平台上均有介绍，已成显学，故不复赘述。

9 高职视频创作人才培养的评估反馈

在高职视频创作人才培养过程中，评估反馈机制是提升教学质量、优化教育模式的关键环节。评估不仅是对教学成果的检验，更是通过反馈推动教学改革、促进学生能力提升的重要手段。有效的评估反馈机制能够帮助高职院校精准定位人才培养中的优势与不足，为教学改进提供科学依据，同时也能更好地满足行业对视频创作人才的实际需求。下面我们将深入探讨高职视频创作人才培养的评估反馈体系，分析如何构建科学合理的评估指标，以及如何通过反馈实现教学的持续优化，以培养出更符合市场需求的高素质视频创作人才。

9.1 教学评估的分类

在高职视频创作人才培养的评估反馈体系中，明确教学评估的分类是构建科学评估体系的基础。不同的评估分类能够多维度、多层次地反映教学过程和结果的全貌，帮助教师、学生及教育管理者精准把握教学现状，发现潜在问题，并有针对性地提出改进措施。下面我们将深入剖析教学评估的多种分类方式，探讨如何根据视频创作专业的特点和高职教育的目标，合理选择和运用评估分类，为后续的评估实施和反馈提供清晰的框架和方向，从而确保评估工作的科学性、有效性和针对性。

9.1.1 按评估主体分类

教师是教学活动的主导者，他们对学生的学习效果有着直观且专业的评估视角。教师评估主要依据学生在课堂上的互动情况、作业完成质量，以及各类测验和考试的成绩等，对学生的学习成果进行全面评判。例如，在一堂机械制图课中，教师会观察学生绘制图纸的准确性、规范性，通过作业批改了解学生对制图规则的掌握程度，期末考试则综合考查学生对整学期知识点的运用能力，从而给出一个客观的评估结果，帮助学生明确自身在专业知识学习方面的优势与不足。

学生自评则是一种培养学生自我认知和自我管理能力的重要方式。学生在学习过程中，通过自我反思，对自己的学习态度、学习方法，以及知识技能的掌握情况进行自我评估。例如，在完成一个电商运营项目后，学生可以对照项目要求，思考自己在市场调研、店铺搭建、产品推广等环节的表现，总结经验教训，明确今后努力的方向，这种自我评估的过程有助于学生形成自主学习的良好习惯，提升学习的主动性和针对性。

学生互评能够促进学生之间的交流与合作，拓展学生评估的视角。在小组合作学习或项目实践中，学生相互评估对方的学习表现和成果，不仅可以增进彼此之间的了解，还能从同伴身上学习到不同的优点和方法。以一场营销策划大赛为例，小组成员在完成策划方案后，相互点评方案的创意、可行性及团队成员的分工协作情况，这种互评方式既能激发学生的竞争意识，又能培养他们的团队合作精神和客观评估能力。

企业评估在高职教育中具有特殊的重要性，它直接关联到学生的职业能力与市场需求的契合度。企业兼职教师或行业专家根据学生在企业实习、校内实训项目，以及参与企业实际业务操作中的表现，对学生的职业技能、职业素养等进行评估。例如，在汽车维修专业的学生到企业实习期间，企业师傅会根据学生对汽车故障的诊断、维修操作的熟练程度，以及工作态度、责任心等方面的表现，给出评估意见，这种评估结果能够为学校调整教学内容和教学方法提供重要的参考依据，使教学更加贴合行业实际需求。

随着高职教育的发展，教学评估越来越注重多元化的评估主体。教师评估仍然是基础，但学生自评和互评的重要性日益凸显，这有助于培养学生的自主学习和团队合作能力。同时，如果有条件，应尽量引入企业评估，因为高职教育的目标是培养适应市场需求的高素质技术技能人才，只有通过企业评估，教育者才能确保学生所学知识和技能与市场需求相匹配。

在影视制作和视频创作类课程中，学生自评和互评尤为重要。这是因为影视制作需要多技术岗位的分工合作，通过学生自评和互评，可以提升学生的团队协作能力。

9.1.2 按评估时间分类

诊断性评估是在教学活动开始前所进行的评估，目的是了解学生的学习准备情况和潜在困难，以便教师能够制定相应的教学策略。

形成性评估是教学过程中的“实时反馈器”，它贯穿于课程教学的各个环节。教师通过观察学生在课堂上的参与情况，如回答问题的积极性、小组讨论的贡献度等，及时了解学生对知识的理解程度。同时，通过批改平时作业、检查项目进展情况等方式，教师可以掌握学生的学习进度和存在的问题，及时给予有针对性的指导，帮助学生纠正错误，提高教学效果。

终结性评估则是在课程结束后，对学生学习成果的一次全面盘点。它通常以期末考试、课程论文、综合项目考核等形式呈现，重点考查学生对课程整体知识和技能的综合运用能力。终结性评估可以为教师对课程教学效果的整体评估提供重要依据。

由于评估时机的不同，教学评估的评估标的也会发生相应变化。终结性评估可能需要学生完成实际项目，并用成果展示和证明其能力水平，这种评估属于项目基础评估。形成性评估往往需要评估学生在实际操作过程中的表现，需要教师对操作过程进行直接观察，这种评估属于表现基础评估。

高职教育越来越倾向于形成性评估和终结性评估相结合。形成性评估可以帮助教师及时了解学生的学习进度，从而调整教学方法，提高教学效果。终结性评估则可以全面评估学生的学习成果，确保学生达到课程目标。随着教育技术的发展，如大数据和人工智能的应用，形成性评估可以更加精准地捕捉学生的学习动态，为个性化教学提供支持。

9.1.3 按评估内容分类

知识掌握评估是教学评估的基础环节，它着重于检验学生对课程理论知识的掌握程度。通过设计不同类型的考试题目，如选择题、填空题、简答题等，考查学生对专业知识点的记忆、理解和运用能力。教师能够清晰地了解学生对相关知识的掌握情况，判断学生是否达到了课程设定的知识目标，从而为后续的教学设计提供依据。

技能操作评估主要针对学生的实践操作过程和结果进行评估，通过观察学生在实际操作中的表现，对其操作的熟练度、准确性、规范性等进行评估。然后结合最终产品的质量，综合评定学生的技能操作水平，确保学生能够熟练掌握专业技能，满足行业对技术技能人才的要求。

综合素质评估是对学生全面发展情况的综合考量，它涵盖了学生的团队协作能力、沟通表达能力、创新思维能力、职业素养等多个方面。例如，通过观察学生在团队合作中的角色定位、分工合作情况，以及沟通协调能力，评估其团队协作精神；在课堂讨论、演讲、汇报等环节，考查学生的沟通表达能力。

因为高职教育的目标是培养学生的实际操作能力和职业技能，因此技能操作评估在高职教育中应占据核心地位，应确保其在评估体系中占有较大权重。在视频创作类课程中，应尽量设置综合素质评估，这是因为随着技术的进步，尤其是人工智能的发展，影视制作的技术门槛逐渐降低，创新思维等综合素质对从业者职业发展的影响将呈现持续的上升趋势。

9.1.4 按评估方式分类

量化评估是一种直观、客观的评估方式，它通过设定具体的量化指标和评分标准，将学生的学习效果转化为具体的分数或等级。这种评估方式便于进行横向和纵向的比较，能够清晰地反映出学生在不同时间段或不同课程中的学习表现差异，为教学管理和学生评估提供量化的数据支持，但可能会因过分关注分数而忽视学生学习过程中的个体差异和非量化因素。

质性评估则更注重对学生学习过程中的表现、态度、情感、创新思维等难以量化的方面进行描述性的评估。教师可以通过撰写评语、进行面谈等方式，对学生的学习情况进行深入的分析和评价。例如，在艺术设计课程中，教师对学生的设计作品不仅给出分数，还会从创意构思、色彩搭配、设计风格等方面进行详细的点评，指出作品的优点和不足，提出改进建议。质性评估能够更全面地了解学生的学习情况，关注学生的个性化发展，激发学生的学习兴趣和创造力，弥补量化评估的不足，使教学评估更加全面、深入。

高职教育越来越倾向于量化评估和质性评估相结合。先通过量化评估获取直观的数据，用于管理和比较，再通过质性评估全面地反映学生的学习过程和个性化发展。对于视频创作类课程而言，质性评估尤为重要，因为视频创作所需的创造力、想象力、审美修养等难以通过量化指标体系精准地判断。

9.1.5 按照评估对象分类

个体评估主要针对每个学生的学习效果进行评估。其优点在于能够精准地识别每个学生的表现，并提供有针对性的反馈和改进建议，帮助学生实现个性化发展。其缺点在于评估过程较为烦琐，需要投入较多的时间和精力，对教师的评估能力要求较高。

群体评估主要针对小组、团队的整体学习效果进行评估。其优点在于能够快速了解班级整体的学习情况，发现普遍问题，便于教师调整教学策略。然而，群体评估难以做到公平和准确，还会掩盖个体差异，不利于个性化教学的实施。

高职教育越来越倾向于个体评估和群体评估相结合，尤其应关注在数智化教学辅助工具的支持下，更准确、更及时地开展个体评估。

9.2 视频创作类课程教学评估改革的前沿理念

9.2.1 真实评估

真实评估旨在通过模拟真实世界中的任务和情境，让学生在实际应用中展示他们的知识和技能。这种评估方式强调评估任务与现实世界任务的相似性，要求学生在完成任务时运用批判性思维、问题解决能力和创新能力。与传统的标准化测试不同，真实评估更注重过程和产品的真实性，以及学生在实际情境中的表现。与真实评估相关的评估方法还有情境模拟评估法、角色扮演评估法等，教师、同伴或企业专家等评估者通过观察、测验、项目评估等多种方式，全面评估学生的学习效果和职业能力。

越来越多的高职院校在考核评估中采用工作导向的真实评估，这种趋势反映了对学生在真实工作环境中表现的关注，这一变化促使课程内容与行业需求紧密结合，确保学生能够在毕业后顺利进入职场。

在视频创作专业教学中，真实评估可以通过多种方式具体应用。首先，可以设计项目式学习任务，让学生制作一个完整的视频项目，从策划、拍摄到后期制作，模拟真实的视频创作流程。这种项目不仅涵盖了视频创作的各个方面，还能让学生在实际操作中遇到并解决真实问题，从而更全面地评估他们的能力。其次，可以利用案例研究，让学生分析和讨论真实的视频创作案例，从中学习行业标准和最佳实践路径。通过这种方式，学生能够将理论知识与实际案例相结合，提高他们的分析和应用能力。最后，模拟真实的工作环境也是一种有效的应用方式。例如，可以设置一个虚拟的视频创作公司，让学生在其中扮演不同的角色，完成客户委托的视频创作任务。这种模拟环境能够让学生体验到真实工作中的压力和挑战，同时也为教师提供了一个评估学生综合能力的平台。

9.2.2 能力导向评估

能力导向评估是一种以学生掌握特定技能和能力的程度为核心的评估方式，而非单纯依据标准化测试的分数或成绩。它强调学生按照自己的节奏学习，并在掌握预定义的学习目标后，通过多样化的评估方式来证明其能力。这种评估方式注重实际操作和应用能力，而非仅仅理论知识的记忆。

在视频创作专业教学中，教师可先设定具体的技能目标，如熟练使用视频编辑软件 Premiere Pro 进行剪辑、添加特效等。学生在完成项目时，需展示其对这些技能的掌握程度，教师则通过实际作品的质量、创意性，以及学生在操作过程中的熟练度等多维度进行评估。例如，学生在制作一个短片时，不仅要完成基本的剪辑任务，还需运用所学的视频效果和过渡技巧，使作品更具吸引力和专业性。

与真实评估相似，能力导向评估鼓励学生参与实际项目，如为校园活动或企业制作宣传视频。在项目实施过程中，学生需要与团队协作，解决实际问题，如拍摄角度的选择、灯光的布置、素材的采集与编辑等。这种具有实践性的学习和评估方式，可以培养学生的团队合作能力和问题解决能力。

能力导向评估支持个性化学习路径。不同学生在视频创作的某些方面可能有不同的天赋和兴趣，如有的学生擅长动画与特效制作、有的则在剪辑与后期处理上更有优势。教师可以根据学生的特长和兴趣，为其设计个性化的学习和评估计划，让学生在自己擅长的领域深入发展，同时也能在其他方面得到均衡地提升。

9.2.3 形成性评估

形成性评估是美国课程评价专家迈克尔·斯克里文于 1967 年首次提出的，旨在与终结性评估相区分。它是一种基于对学生学习全过程持续观察、记录、反思而做出的发展性评估，其内涵强调师生互动，师生共同寻找学习证据，确定与学习目标的差距，倡导学生参与评估。教师的反馈作为学习的“脚手架”，提供学习支持而非直接给出答案，助力学生实现认知的冲突与知识的内化。形成性评估使学生从被动接受评估转变为评估的主动参与者，可以激励学生学习，帮助他们有效调控学习过程，增强自信心，培养合作精神。形成性评估是一个动态、持续的过程，与学生学习同步进行，可通过问题解答、小组讨论、作业和项目等多种方式和工具实施，目的是让学生获得即时、特定、有针对性的反馈，从而调整学习策略、改进学习方法、加强学习成果。

与形成性评估相近的概念有过程性评价、动态评估等。其中，过程性评价强调对学生学习过程的持续关注和评估，注重学生在学习过程中的表现和进步。动态评估则侧重于评估过程中个体能力的动态变化和发展，认为个体能力并非稳定不变，而是在与他人的互动中不断发展变化。

在视频创作专业教学中，形成性评估的应用具体体现在以下几个方面。

首先，教师可以在课程中设置多个阶段性的小项目，学生完成项目后进行自评和互评，同时教师也会给予详细反馈，帮助学生了解自身表现和存在的问题。其次，在教学过程中，教师通过有效的提问和提示激发学生积极性，根据学生反馈及时调整教学内容和方法。再次，教师要培养学生的自我评估能力，让学生定期反思自己的作品，总结经验教训。最后，教师要认可学生的个体差异，设置不同难度的项目任务，让每个学生都能在适合自己的水平上得到发展。通过上述方式，形成性评估能够提高视频创作专业教学的质量，促进学生的成长和发展。

9.2.4 增值评估

增值评估是一种指向发展性的评估方法，强调发展、重视起点、关注过程，并综合考查学生发展的影响因素。其理论起源于 1966 年的《科尔曼报告》，最初用于更公平地评估不同层次学校的效能。增值评估的实施需借助统计分析模型计算学生成长的增量，操作较为复杂，目前国内的相关研究多停留在理论层面。从评估内容来看，增值评估主要有“成绩说”和“全面说”两种观点。前者关注学生在学习上的进步程度，后者则涵盖学生在学业和其他素质能力方面整体发展的进步增量。

在视频创作专业教学中，增值评估的应用具体体现在以下几个方面。

首先，设定明确的评估目的与内容，如学生在视频创作技能、创意表达、团队协作等方面的学习增值。其次，利用测量工具，如项目作业评分、技能测试、同伴评价等，来量化学生的学业及行为表现。再次，建构模型与计算增值。例如，采用残差模型①，根据学生初始水平和最终表现的差异来计算增值。又次，分析学生的学习增值，包括增值数据的大小、作品的具体表现、学习过程中的问题与解决方案等。最后，将评估结果反馈给学生，并据此改进教学方法和课程内容，以促进学生在视频创作专业技能上的持续发展。

增值评估的应用不仅关注学生的学习结果，更强调学生在学习过程中的成长，有助于激发学生的学习积极性和创造力，提升教学质量和学生的学习效果。

9.2.5　多维度评估

多维度评估是指从不同的角度和层面，对学习者的各个方面进行全面、深入地评估，与之相近的概念包括综合评估、整体评估、360度反馈等。这种评估方式不仅关注学生的知识和技能，还包括职业素养、创新能力、团队合作能力等多方面因素。其内涵强调评估的多元化、过程性和动态性，旨在更准确地反映学生的学习成果和职业发展潜力。

在视频创作专业教学中，多维度评估的应用具体体现在以下几个方面。

首先，评估主体多元化。除了教师评估，还可以引入行业专家、企业导师的评估，以及学生的自评和互评，甚至引入人工智能评估。其次，评估内容多维化。评估内容不仅包括视频创作的技术技能，如拍摄技巧、剪辑水平、特效制作等，还应涵盖创意构思、故事叙述、团队协作、项目管理等多个方面。还可以利用大数据技术，分析学生在学习过程中的行为数据，如学习时间、学习进度、参与度等，为评估提供更全面的依据。再次，评估方法多样

---

① 残差模型是统计分析中的一种工具，用于衡量实际观测值与模型预测值之间的差异。在教育增值评估中，它通过建立线性回归方程，根据学生的初始成绩预测其后续成绩。实际成绩与预测成绩之差即为残差，代表了教育活动对学生学业成绩的增值效果。这种方法有助于评估教育干预措施的有效性，可以为教育决策提供数据支持。

化。采用定量与定性相结合的评估方法。定量评估可以通过对视频作品的技术指标进行打分，如画面质量、音频效果、剪辑流畅度等。定性评估则可以通过观看学生的视频作品，对其创意、叙事能力、艺术表现等进行主观评价。又次，评估过程全程化。从项目策划阶段开始，到拍摄、剪辑、后期制作，再到最终成品的展示和反馈，整个过程都应纳入评估体系。例如，教师可以在每个阶段设置具体的评估指标，及时给予学生反馈，帮助学生及时调整和改进。最后，通过建立学习档案，记录学生在每个阶段的表现和进步，为最终的综合评估提供依据。

通过上述多维度评估的应用，可以更加全面、客观地评估视频创作专业教学中学生的学习成果和职业能力，为学生的未来发展提供有力支持。

9.2.6 数字化评估

数字化评估是教育评估领域的一个重要分支，它利用现代信息技术手段，如计算机、互联网、人工智能等，对学习者的知识、技能、态度等进行测量和评估，相似的概念还包括技术增强评估等。

数字化评估的核心在于将传统评估方式与数字技术相结合，以实现评估过程的自动化、智能化和个性化。数字化评估不仅能够提高评估的效率和准确性，还能为学习者提供即时反馈，促进其自我反思和自我提升。此外，数字化评估还支持多样化的评估形式，如在线测试、电子作品集、虚拟实验等，能够更全面地反映学习者的综合素养和创新能力。然而，数字化评估也面临着一些挑战，如技术设备的普及程度、评估数据的安全与隐私保护、教师的数字评估素养等。

在视频创作专业教学中，数字化评估的应用具体体现在以下几个方面。

首先，项目式评估。学生可以提交视频作品作为评估依据，教师通过专业的视频分析软件，对作品的画面质量、剪辑技巧、创意表达等方面进行量化分析和评估。例如，利用视频编辑软件自带的统计数据，如剪辑次数、特效使用频率等，来评估学生的技术熟练度。其次，过程性评估。借助在线学习平台，记录学生在视频创作过程中的学习行为数据，如观看教学视频的时长、参与讨论的次数、完成任务的时间等。通过分析这些数据，教师可以及时了解学生的学习进度和遇到的困难，并给予有针对性的指导和反馈。再次，同伴评估。利用网络平台，让学生将自己的视频作品上传到共享空间，其他学生可以在线观看并进行评估。这种同伴评估不仅能够拓宽学生的视野，还能培养他们的批判性思维和审美能力。同时，教师也可以根据学生的评估结果，进一步了解学生对作品的理解和评估标准，从而优化教学内容和方法。最后，自我评估。鼓励学生使用数字工具，如在线问卷、自我评估表等，对自己的视频创作过程和作品进行反思和评估。这有助于学生提高自我认知能力，明确自己的优势和不足，为今后的学习和发展制订合理的计划。

9.2.7 个性化评估

个性化评估是一种基于学习者个体差异的学习成果评估方式，它强调每个学习者的差异性，包括学习风格、兴趣爱好、能力水平及学习进度等。这种评估方式的核心在于它不再将所有学生置于一个统一的评估尺度下，而是根据每个学生的具体情况，制定个性化的评估标准和方法。个性化评估不仅关注学生的学习成果，还关注他们在学习过程中的努力、创新和其他素质的发展。通过这种评估方式，教育者可以更准确地了解学生的学习状况，提供个性化的学习支持和指导，从而有效维持学生的学习动力，促进学生的全面发展。

在视频创作专业教学中，个性化评估的应用具体体现在以下几个方面。

首先，教师可以根据学生的技能水平和学习进度，设计不同难度的视频创作项目。对于初学者，可以侧重于基础剪辑技巧的掌握；对于进阶学生，则可以挑战更复杂的特效制作和叙事结构。其次，在评估学生作品时，可以不采用统一的评估标准，而是根据每个学生的特点和目标制定个性化的评估指标。例如，对于注重画面美感的学生，重点评估其色彩搭配、构图等视觉效果；对于擅长叙事的学生，着重考察其故事结构和情感表达。最后，教师在进行评估后，针对每个学生作品的具体问题和优点，提供一对一的反馈和改进建议。通过面对面交流或书面反馈，帮助学生明确自己的不足之处和提升方向，促进其个性化成长。

需要说明的是，在教育学领域，有多个相似概念容易与个性化评估的概念产生混淆，下面我们将对这些概念进行简单介绍。

第一，个体化评估。个体化评估侧重于根据每个学生的特点和需求，设计和实施评估方案。它强调评估的个性化，确保每个学生都能在适合自己的评估环境中展示自己的能力和进步。

第二，自适应评估。自适应评估是一种动态的评估方式，根据学生在评估过程中的表现，实时调整评估内容和难度。它强调评估的灵活性和即时性，能够根据学生的实际水平，提供最适合的挑战。在视频创作专业教学中，自适应评估可以通过智能评估工具实现。例如，利用人工智能驱动的视频分析软件，对学生的视频作品进行多维度的评估，包括画面质量、剪辑流畅性、创意表达等。这些工具能够提供即时反馈，帮助学生及时了解自己的不足之处，并进行有针对性的改进。这种评估方式能够更好地适应学生的实时学习进度，提高评估的准确性和有效性。

第三，定制化评估。定制化评估是指为每个学生量身定制评估方案，包括评估目标、内容、方法和标准。它强调评估的全面性和系统性，确保每个学生都能在评估中得到全面的反馈。在视频创作专业教学中，定制化评估可以通过模块化课程设计实现。例如，学校可以将视频创作专业课程分为多个模块，如基础剪辑、特效制作、故事叙述等，学生可以根据自己的职业规划和学习兴趣，选择适合自己的课程模块。这种灵活性不仅增强了学习的针对性，还提高了学生的学习主动性和课堂参与度。通过这种方式，教育者可以更准确地了解学生的学习状况，提供个性化的学习支持和指导，从而有效维持学生的学习动力，促进学生的全面发展。

第四，基于主体需求的学业评估。基于主体需求的学业评估以评估主体的特点与需求为出发点。高职院校学生的学业评估涉及多个主体，包括学生及家庭、高职院校、行业企业、评估专家和政策制定者，这些主体的需求、偏好和兴趣各不相同，甚至存在矛盾。评估体系需要充分考虑这些主体的需求，其评估过程可以形象地表述为“用自己的尺子量自己”。

9.2.8 社会情感学习评估

社会情感学习评估是一种综合性的评估方法，旨在衡量学生在社会情感技能方面的进步。社会情感学习评估的核心包括 5 个能力领域，即自我认知、自我管理、社会意识、关系技能和负责任的决策。这些能力不仅影响学生的学术表现，还对其长期的社会情感健康至关重要。社会情感学习评估的方法多种多样，包括自我报告问卷、观察、性能任务、访谈和档案袋评估等。这些方法不仅能够提供定量数据，还能通过定性分析深入了解学生的社会情感发展。社会情感学习评估在高职教育中的重要性日益凸显，许多院校开始将其纳入考核框架。通过关注学生的情感与社交技能，教师能够更全面地支持学生的发展，提高他们在职场中的适应能力和人际交往能力。

在视频创作专业教学中，社会情感学习评估的应用具体体现在以下几个方面。

首先，自我报告问卷。学生可以填写问卷，评估自己在团队合作、情绪管理、创意表达等方面的能力。其次，观察。教师可以在课堂上观察学生在小组项目中的合作能力、情绪管理能力等。再次，性能任务。学生可以参与实际的视频创作项目，教师通过这些项目评估学生的社会情感能力。例如，通过角色扮演、情感分享、小组讨论等活动，评估学生的社会情感技能。又次，访谈。教师可以与学生进行一对一访谈，了解他们在视频创作项目中的感受和遇到的挑战。例如，了解学生在团队合作中的困难和解决方案。最后，档案袋评估。学生可以将自己在视频创作项目中的作品、反思、活动记录等收集到档案袋中，教师和同伴可以对档案袋中的内容进行评估和反馈，帮助学生了解自己的进步和不足。

9.2.9 跨学科综合评估

跨学科综合评估整合了多个学科的知识和技能，旨在全面评估学生的综合能力。它强调学生多个学科知识和技能的整合与应用，要求学生能够将不同学科的知识和技能进行整合，形成跨学科的大概念，并在真实情境中加以应用。这种评估方式不仅关注学生对单一学科知识的掌握，更注重学生在解决复杂问题时的跨学科应用能力。跨学科综合评估的目的是培养学生的综合思维、合作精神和创新能力，提升他们的综合素质，帮助他们解决现实问题并勇于面对未来挑战。

在视频创作专业教学中，跨学科综合评估的应用具体体现在以下几个方面。

首先，项目化学习是跨学科综合评估的重要应用方式。例如，设计一个“城市文化纪录片”项目，学生需要整合历史、文化、艺术和视频创作等多学科知识，制作一部具有深度和影响力的纪录片。通过这种方式，学生不仅可以学习视频创作技术，还能提升跨学科的综合能力，从而培养他们的综合思维和创新能力。其次，构建多元综合评估体系也是跨学科综合评估的关键。这一评估体系包括过程性评估、表现性评估和结果性评估。教师可以利用在线平台，对学生在项目中的表现进行即时反馈和评价。例如，通过数据埋点技术①，追踪学生在项目中的学习过程，提供个性化的指导，帮助学生及时调整学习策略。

9.2.10 量规评估

量规评估是一种结构化的评估工具，它通过明确的评估标准和等级，帮助教师和学生更客观地评估学习成果。这种评估方式的核心在于将复杂的评估任务分解为多个具体的维度，并为每个维度设定清晰的评估标准，从而实现对学习成果的全面、细致评估。

量规评估的优势在于其能够促进评估的公平性和透明度。由于评估标准和等级事先明确，教师在评估过程中能够减少主观偏见，学生也能清楚地了解自己在各个维度上的表现，从而获得具体的反馈和改进方向。此外，量规评估还能激发学生的学习动力，因为它可以让学生看到自己的进步和不足，

---

① 数据埋点是一种在软件或网站中嵌入代码的技术，用于收集用户行为数据。通过在特定位置设置“埋点”，可以追踪用户的点击、浏览、停留时间等行为，从而获取详细的行为数据。这些数据可用于分析用户行为模式，优化产品设计，提升用户体验和业务决策的科学性。

进而激励他们努力提升。

在教育领域，量规评估的应用非常广泛，可以用于评估学生的论文写作、课堂报告、项目设计、课堂互动、小组合作及网上讨论等多种学习活动。例如，在论文写作中，量规评估可以评估学生的写作结构、内容深度和语言表达；在课堂报告中，量规评估可以评估学生的演讲技巧、内容组织和视觉辅助材料的使用。

设计量规评估量表通常包括以下几个步骤。首先，明确评估的具体内容和目标。其次，确定评估的关键维度或要素。再次，为每个维度设定评估等级和对应的描述。又次，形成初步的评估量表草案，在实际教学中试用该量表并收集反馈。最后，根据反馈调整和优化量规评估量表，以确保其有效性和实用性。

在视频创作专业教学中，量规评估的应用具体体现在以下几个方面。

首先，项目评估方面。教师可设计包含创意、技术执行、故事叙述、视觉效果等多个评估维度的量规评估量表，再将每个维度细分为不同等级，如“创意”维度分为“创意独特”“有一定创意”“常规创意”和“缺乏创意”等4个等级，并描述每个等级的具体表现。其次，作业反馈方面。学生提交视频作业后，教师依据量规评估量表对各维度进行评分并提供详细反馈，帮助学生了解优缺点及改进方向。再次，自我评估与同伴评估方面。鼓励学生使用量规评估量表进行自我评估和同伴评估，提高自我反思能力，促进交流学习。最后，课程设计方面。教师可以将量规评估量表融入教学目标，确保教学目标、过程和量规评估的一致性，帮助学生更好地理解课程要求，提升学习效果。

在高职教育教学评估中，各种评估理念和方式虽然各有侧重，但它们之间存在着显著的共通点。例如，形成性评估和增值评估都强调评估的持续性和过程性，个性化评估和社会情感学习评估都关注学生的个体差异和情感发展，真实评估和能力导向评估都强调评估学生在真实情境中的表现和实际应用能力。这些共通点使得各种评估方式可以相互补充，共同构建一个更加科学、全面和有效的高职教育教学评估体系。

附件 1：基于校企合作和项目式教学的教材编写实例①

真实任务：电商平台产品展示视频的拍摄

1. 编者的话

在项目 2 里，我们尝试了为电商详情页拍摄产品展示图片，掌握了为淘宝、京东等电商平台拍摄详情页产品照片的基础能力。但是有些商品光靠静态照片还是不能很好地呈现，尤其是一些操作方法比较复杂的产品，单靠照片和文字很难说得明白，需要借助视频对产品进行更加全面和直观的展示。本次任务就是针对这个需求而设计的。

2. 任务简报

以团队为单位，为合作企业指定的产品拍摄一段产品展示视频。

3. 任务要求

（1）20 至 30 秒，横屏，16∶9，不低于 1080P，mp4 格式。

（2）符合产品的风格调性，符合品牌目标人群的群体特点。

（3）本次任务的目标是展示产品，帮助受众建立对产品的直观感知（如外观、材质、色彩、品质、操作方法等）。

① 节选自笔者主编的《摄影与视频创作》，中国轻工业出版社，2024 年出版。

4. 任务目标

（1）专项提升商品或静物视频拍摄的能力。

（2）理解品牌整体营销战略，根据其品牌调性、目标受众、诉求点等组织视频内容。懂得站在营销大系统的角度思考传播问题。

5. 知识链接

（1）静中有动。视频比图片强大在哪儿？用最通俗的话讲出来就是视频会动，图片不会动。了解了这一点，再来看固定镜头。因为镜头本身不会有任何运动，如果视域内的主体再没有明显的运动，视频看起来就和照片一样有点儿乏味了。例如，视频平台上有很多菜鸟博主，一味地对着镜头说话，面无表情，也没有什么肢体动作。几分钟的时间，画面一动不动，给人的感觉就像是对着照片听音频，讲的内容虽然有可能挺精彩，但视频的形式却很无聊。这种固定镜头拍摄的口播类视频应用场景非常多，从事视频创作工作时会经常遇到。当我们再遇到这种用固定镜头拍摄静态场景时，大家可以从两个方面为画面注入运动的元素。一方面，在背景的选择上，选择一些静中有动的背景，如近处随风摇曳的柳枝、远处人流穿行的小路等，这些都能够为背景注入动感。另一方面，在人物的表现上，引导出镜者加入一些肢体动作，丰富一下面部表情，这样也会让画面活泼起来。

（2）如何让产品视频的画面动起来。拍摄静物产品时要思考的第一个问题就是如何在画面中制造运动。产品和人物不一样，多数产品不会动。如果把静物固定在拍摄台上，用固定镜头拍摄，那么得到的视频可能和一张照片没有区别。这样的视频既沉闷又无聊，没有人会愿意看下去。那么如何才能让画面动起来呢？下面就给大家介绍 4 种方法。

第一种方法，产品不动，相机动。把产品固定在拍摄台上，然后用运动镜头完成拍摄。

第二种方法，相机不动，产品动。可以利用转盘，让产品匀速自转。有些体型较小且不是很贵重的产品可以用倾倒、自由落体等方法，制造出很有冲击力的动感画面。

第三种方法，产品和相机都不动，光影移动。光影运动的画面在手机、汽车之类的产品广告里非常常见，只要让光源升降、平移，或围绕产品运转，就能够制造出光影的变化。

第四种方法，产品和相机都不动，增加额外的运动元素。可以用线香、加湿器等制造一些烟雾。

（3）产品视频如何布置背景。可以把产品拍摄的背景分为两类，即纯净背景和相关背景。纯净背景很好理解，就是单一颜色的背景，可以是黑色、白色或灰色，也可以是红色、绿色或米色等，可以是卡纸或麻布，也可以是木板或皮革。拍摄者只需要考虑背景的颜色和质感与要表现的产品是不是契合。至于相关背景，举例来说，如果要表现的产品是一款笔记本电脑，那么不妨在办公桌面上放上一副眼镜、一支钢笔和一杯咖啡，因为在日常生活中这些物品是常常出现在笔记本电脑旁边的。

（4）产品视频如何组织内容。组织内容就是确定拍什么的问题，不同的拍摄者会有不同的拍摄方案。对于初学者来说，建议大家从最基础的四镜头法开始练习。所谓四镜头法，就是用 4 组镜头展示产品的全貌。

第一组，正面镜头，就像给产品拍证件照，帮助受众对产品建立整体认知。

第二组，侧面镜头，就是从上、下、左、右、前、后等各个角度展示产品的不同侧面，让受众全方位地了解产品。

第三组，特写镜头，这样的镜头可以聚焦产品的亮点和卖点。如果是工业品的话，还要记得特写一下产品的 Logo，帮助受众记住品牌。

第四组，工作状态镜头，向受众展示产品是如何工作、如何融入消费者生活的。例如，如果拍摄的产品是空气加湿器，就需要展示一下加湿器喷射水雾的方式，让消费者明白这款空气加湿器是用这种方式为室内空气加湿的。

6. 任务分析

与项目 10、项目 11 等前导任务相比，本次任务最大的不同是拍摄主体是物（产品），而非人，设计本次任务时首要目的是锻炼同学们拍摄静物的能力。

物和人的核心区别在于人是会动的，而多数的物并不会运动。为了避免画面像照片一样缺乏动感，就必须靠摄像师开动脑筋，为画面注入运动元素。

此外，呈现产品的直接目的是让目标消费者了解产品，对产品的外观、材质、使用方法、使用场景等有更直观的认知。终极目的则是要让目标人群对产品产生好感，从而产生购买欲望。因此，呈现产品的视频一定要高度重视画面的美感，从环境、产品摆放、装饰物、用光、构图等多个方面提升视频的视觉效果，这是对同学们用光、布景等技术的一次综合检验。

7. 任务准备

（1）适合的产品。

（2）营造场景时需要使用的物品、装饰品等。例如，表现柠檬口味的牙膏时，为了强化卖点、装饰画面，可以准备两个柠檬，一个完整呈现，另一个切开；表现台灯时，为了展示使用场景，可以在台灯下摆放一本书、一支钢笔和一杯咖啡。

（3）灯光，包括补光灯、台灯、手机等。

（4）纯色背景，颜色适宜且足够大的纸张或布料等。

8. 过程清单

（1）搜集该品牌的历史作品，以及同类竞品的视频广告范本，反复观摩，打开视野，并把这些学习要点记录下来。寻找在形式、结构、风格、难度等方面与本次任务贴合度最高的作品作为参考蓝本，反复观看。在拍摄过程中，要始终思考这个视频是如何吸引受众关注的。

我在__________看到了作者__________的一支产品展示视频，和本次任务的要求较为契合。我仔细分析了这个视频作品，决定从以下几个方面进行借鉴：

____

____

____

（2）认真研究产品，研究甲方（即广告主）希望在广告片中强调的卖点，思考如何将产品的卖点用视频画面和声音传递出来。

（3）构思创意，并将创意撰写成分镜头脚本，进而制订拍摄计划。

（4）按照拍摄计划预约场地，准备设备和物料，做好必要的准备工作。

（5）按照脚本进行拍摄。

（6）按照脚本，将拍摄好的素材剪辑成片。

9. 升级“脚手架”

（1）作为业余选手，当没有更多的专业器材时，我们该如何利用手边现成的物品或免费的资源（如台灯、白色墙壁、纯色的纸袋、转椅、带轮子的行李箱等）进行拍摄呢？

（2）单纯展示产品有些单调，我们是否可以考虑配上音乐和音效呢？什么样的音乐和音效与产品的风格调性更契合呢？

（3）如果需要在画面中加入文案的话，那么镜头 A 应该配什么文案？镜头 B 又应该配什么文案呢？

（4）如果需要搭配旁白的话，那么应该在何时配上哪些旁白呢？

10. 通关寄语

商业的成功，最终靠的还是货真价实。如果能够在视频中把产品的优秀品质展现出来，有时候可以胜过万语千言，那么怎样才能把产品的优秀品质展现出来呢？这就得看同学们的技术是不是过硬了。

11. 思政训练

短视频直播平台为农户开辟了一条农产品销售的新渠道，近年来在广大农村地区落地开花。拍好农产品短视频，不仅对个人发展有价值，而且对社会发展也有意义。请同学们运用本次任务所学到的知识和技能拍摄一支展示型的农产品推介短视频。

12. 要点提示

本次任务的关键技术是为静止的画面注入运动元素，从而让画面动起来。除了运用推、拉、摇、移等镜头的运动为画面带来动感之外，我们还有很多方法可以让画面动起来。

（1）利用电动转盘制造运动。

（2）将产品拿起或放下制造运动。

（3）用手掰开包子，不仅展示了包子的馅料，也让画面动了起来。

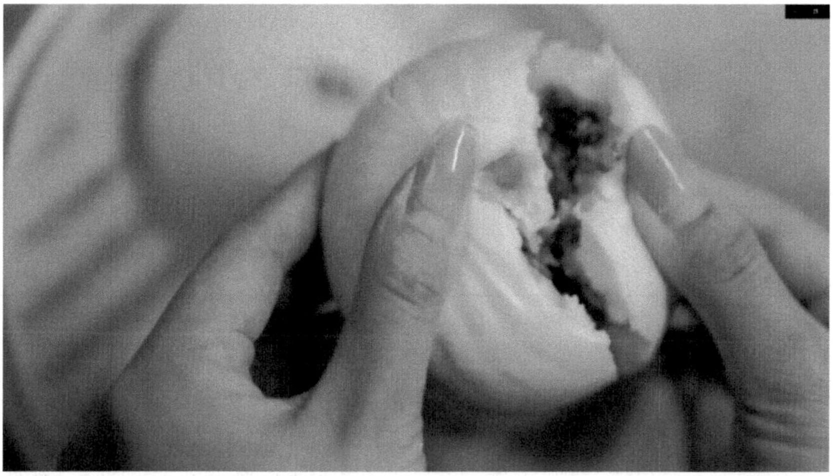

（4）电蒸锅的蒸气、透明锅盖上流动的水珠，这些都为画面带来了动感。

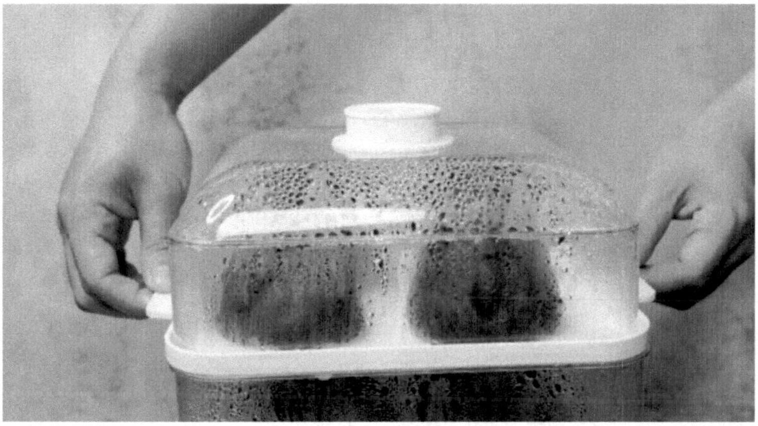

附件2：量规评估实例

——视频创作与运营课程技术执行量规评估量表

评估维度	优秀（90%～100%）	良好（75%～89%）	中等（60%～74%）	待改进（0～59%）	分值分配	改进建议
画面质量	画面清晰，色彩鲜艳，对比度适中，构图合理，镜头稳定，无明显抖动，画面细节丰富，能够很好地传达视觉信息	画面较为清晰，色彩较为鲜艳，对比度较为适中，构图较为合理，镜头基本稳定，画面细节较为丰富，能够较好地传达视觉信息	画面一般，色彩较为平淡，对比度不够适中，构图较为随意，镜头有轻微抖动，画面细节一般，传达视觉信息的能力有限	画面模糊，色彩失真，对比度不协调，构图混乱，镜头抖动严重，画面细节缺失，难以传达有效的视觉信息	30分	使用高质量摄像设备，确保光线充足，使用三脚架稳定镜头，后期调整色彩和对比度
音频质量	音频清晰，音量适中，背景音乐与画面内容协调，无明显噪声，音频效果可以增强故事氛围	音频较为清晰，音量较为适中，背景音乐与画面内容较为协调，噪声较少，音频效果对故事氛围有一定的增强作用	音频一般，音量不稳，背景音乐与画面内容不够协调，有轻微噪声，音频效果对故事氛围的增强作用有限	音频模糊，音量过大或过小，背景音乐与画面内容不协调，噪声较多，音频效果对故事氛围无增强作用	20分	使用高质量麦克风，确保录音环境安静，后期认真处理音频，调整音量和背景音乐
剪辑技巧	剪辑流畅，节奏感强，转场自然，无明显剪辑错误，剪辑点精准，能够很好地引导观众的注意力	剪辑较为流畅，节奏感较好，转场较为自然，剪辑错误较少，剪辑点较为精准，能够较好地引导观众的注意力	剪辑一般，节奏感一般，转场较为生硬，有少量剪辑错误，剪辑点不够精准，引导观众注意力的能力有限	剪辑不流畅，节奏感差，转场生硬，剪辑错误较多，剪辑点不精准，难以引导观众的注意力	20分	使用专业剪辑软件，多练习剪辑技巧，注意剪辑点的选择和转场的自然性

续表

评估维度	优秀（90%～100%）	良好（75%～89%）	中等（60%～74%）	待改进（0～59%）	分值分配	改进建议
画面稳定性	镜头稳定，无明显抖动，使用三脚架或其他稳定设备，画面平稳，能够提供舒适的观看体验	镜头较为稳定，轻微抖动，使用三脚架或其他稳定设备，画面较为平稳，观看体验较好	镜头有轻微抖动，未使用三脚架或其他稳定设备，画面稳定性一般，观看体验一般	镜头抖动严重，未使用稳定设备，画面稳定性差，观看体验不佳	10 分	使用三脚架或其他稳定设备，练习手持拍摄的稳定性，后期认真进行画面稳定处理
画面构图	构图合理，遵循摄影构图原则，画面平衡，主体突出，能够很好地引导观众的视线	构图较为合理，基本遵循摄影构图原则，画面较为平衡，主体较为突出，能够较好地引导观众的视线	构图较为随意，部分遵循摄影构图原则，画面平衡一般，主体不够突出，引导观众视线的能力有限	构图混乱，没有遵循摄影构图原则，画面失衡，主体不突出，难以引导观众的视线	10 分	学习摄影构图原则，多练习构图技巧，使用取景器或网格辅助构图
色彩管理	色彩鲜艳，对比度适中，色调统一，色彩搭配和谐，能够增强画面的视觉效果和情感表达	色彩较为鲜艳，对比度较为适中，色调较为统一，色彩搭配较为和谐，能够较好地增强画面的视觉效果和情感表达	色彩较为平淡，对比度不够适中，色调不够统一，色彩搭配一般，对画面的视觉效果和情感表达的增强作用有限	色彩失真，对比度不协调，色调混乱，色彩搭配不和谐，对画面的视觉效果和情感表达无增强作用	5 分	使用色彩校正软件，学习色彩理论，调整色彩平衡和对比度
灯光使用	灯光充足，光线均匀，阴影处理得当，能够增强画面的立体感和氛围	灯光较为充足，光线较为均匀，阴影处理较好，能够较好地增强画面的立体感和氛围	灯光一般，光线不够均匀，阴影处理一般，对画面的立体感和氛围增强作用有限	灯光不足，光线不均匀，阴影处理不当，对画面的立体感和氛围无增强作用	5 分	使用专业灯光设备，学习灯光布置技巧，注意阴影的处理
音频同步	音频与画面完美同步，无延迟或提前现象，观众观看体验良好	音频与画面较为同步，轻微延迟或提前，观众观看体验较好	音频与画面同步一般，有明显延迟或提前，观众观看体验一般	音频与画面不同步，延迟或提前严重，观众观看体验不佳。	5 分	使用专业软件校准音频同步，多练习音频同步技巧

1. 评分说明

（1）优秀（90％～100％）：学生在该维度的表现非常出色，达到了高标准的要求。

（2）良好（75％～89％）：学生在该维度的表现较好，但仍有提升空间。

（3）中等（60％～74％）：学生在该维度的表现一般，需要进一步改进。

（4）待改进（0～59％）：学生在该维度的表现较差，需要重点改进。

2. 总分计算

（1）总分：将各维度的得分相加，得到总分。

（2）总分范围：0 分（最低）至 100 分（最高）。

3. 评估建议

（1）画面质量。

优秀（27～30 分）：继续保持使用高质量摄像设备，确保光线充足，使用三脚架稳定镜头，后期调整色彩和对比度。可以尝试更复杂的拍摄技巧，如动态镜头、特殊角度等，进一步提升画面的视觉效果。

良好（21～26 分）：使用高质量摄像设备，确保光线充足，使用三脚架稳定镜头，后期调整色彩和对比度。可以多练习构图技巧，尝试不同的拍摄角度和镜头语言，提升画面的视觉效果。

中等（12～20 分）：检查摄像设备的设置，确保光线充足，使用三脚架稳定镜头。后期处理时重点调整色彩和对比度，使画面更加鲜艳和清晰。多观看高质量的视频作品，学习构图和拍摄技巧。

待改进（0～11 分）：使用高质量摄像设备，确保光线充足，使用三脚架稳定镜头。在拍摄前进行设备测试，确保画面清晰。后期处理时重点调整色彩和对比度，使画面更加鲜艳和清晰。观看教学视频，学习基本的拍摄技巧和构图原则。

（2）音频质量。

优秀（18～20 分）：继续保持使用高质量麦克风，确保录音环境安静，后期认真处理音频，调整音量和背景音乐。可以尝试录制多轨音频，如环境音、对白、背景音乐等，提升音频的层次感。

良好（14～17 分）：使用高质量麦克风，确保录音环境安静，后期认真处理音频，调整音量和背景音乐。可以多练习音频同步技巧，确保音频与画面完美同步。

中等（10～13 分）：检查麦克风的设置，确保录音环境安静。后期处理时重点调整音量和背景音乐，使音频更加清晰和协调。多观看高质量的视频作品，学习音频处理技巧。

待改进（0～9 分）：使用高质量麦克风，确保录音环境安静。在拍摄前进行音频测试，确保音频清晰。后期处理时重点调整音量和背景音乐，使音频更加清晰和协调。观看教学视频，学习基本的音频录制和处理技巧。

（3）剪辑技巧。

优秀（18～20 分）：继续保持使用专业剪辑软件，多练习剪辑技巧，注意剪辑点的选择和转场的自然性。可以尝试更复杂的剪辑技巧，如平行剪辑、交叉剪辑等，提升剪辑的节奏感和故事性。

良好（14～17 分）：使用专业剪辑软件，多练习剪辑技巧，注意剪辑点的选择和转场的自然性。可以多观看高质量的视频作品，学习剪辑技巧和节奏感。

中等（10～13 分）：检查剪辑软件的设置，确保剪辑点的选择准确。剪辑过程中多尝试不同的转场效果，使剪辑更加自然。观看教学视频，学习基本的剪辑技巧和节奏感。

待改进（0～9 分）：使用专业剪辑软件，多练习剪辑技巧，注意剪辑点的选择和转场的自然性。在剪辑前进行素材整理，确保剪辑过程顺利。观看教学视频，学习基本的剪辑技巧和节奏感。

（4）画面稳定性。

优秀（9～10 分）：继续保持使用三脚架或其他稳定设备，练习手持拍摄的稳定性，后期认真进行画面稳定处理。可以尝试使用更高级的稳定设备，如云台、滑轨等，提升画面的稳定性。

良好（6～8 分）：使用三脚架或其他稳定设备，练习手持拍摄的稳定性，后期认真进行画面稳定处理。可以多练习手持拍摄技巧，确保画面更加稳定。

中等（3～5 分）：检查三脚架或其他稳定设备的设置，确保设备稳定。在拍摄前进行设备测试，确保画面稳定。观看教学视频，学习手持拍摄技巧和稳定设备的使用方法。

待改进（0～2 分）：使用三脚架或其他稳定设备，练习手持拍摄的稳定性，后期认真进行画面稳定处理。在拍摄前进行设备测试，确保画面稳定。观看教学视频，学习手持拍摄技巧和稳定设备的使用方法。

（5）画面构图。

优秀（9～10 分）：继续保持学习摄影构图原则，多练习构图技巧，使用取景器或网格辅助构图。可以尝试更复杂的构图技巧，如对称构图、引导线构图等，提升画面的视觉效果。

良好（6～8 分）：学习摄影构图原则，多练习构图技巧，使用取景器或网格辅助构图。可以多观看高质量的视频作品，学习构图技巧和视觉效果。

中等（3～5 分）：检查构图原则的掌握情况，多练习构图技巧，使用取景器或网格辅助构图。在拍摄前进行构图规划，确保画面平衡。观看教学视频，学习基本的构图技巧和视觉效果。

待改进（0～2 分）：学习摄影构图原则，多练习构图技巧，使用取景器或网格辅助构图。在拍摄前进行构图规划，确保画面平衡。观看教学视频，学习基本的构图技巧和视觉效果。

（6）色彩管理。

优秀（5 分）：继续保持使用色彩校正软件，学习色彩理论，调整色彩平衡和对比度。可以尝试更复杂的色彩管理技巧，如色彩分级、色彩校正等，提升画面的视觉效果。

良好（4 分）：使用色彩校正软件，学习色彩理论，调整色彩平衡和对比度。可以多观看高质量的视频作品，学习色彩管理技巧，提升画面的视觉效果。

中等（3 分）：检查色彩校正软件的设置，确保色彩平衡和对比度适中。后期处理时重点调整色彩平衡和对比度，使画面更加鲜艳和协调。观看教学视频，学习基本的色彩管理技巧，提升画面的视觉效果。

待改进（0～2 分）：使用色彩校正软件，学习色彩理论，调整色彩平衡和对比度。在拍摄前进行色彩测试，确保色彩准确。观看教学视频，学习基本的色彩管理技巧，提升画面的视觉效果。

（7）灯光使用。

优秀（5 分）：继续保持使用专业灯光设备，学习灯光布置技巧，注意阴影的处理。可以尝试更复杂的灯光布置，如多光源布光、逆光拍摄等，提升画面的立体感和氛围。

良好（4 分）：使用专业灯光设备，学习灯光布置技巧，注意阴影的处理。可以多观看高质量的视频作品，学习灯光布置技巧，提升画面的视觉效果。

中等（3 分）：检查灯光设备的设置，确保光线均匀，阴影处理得当。在拍摄前进行灯光测试，确保画面的立体感和氛围。观看教学视频，学习基本的灯光布置技巧，提升画面的视觉效果。

待改进（0～2 分）：使用专业灯光设备，学习灯光布置技巧，注意阴影的处理。在拍摄前进行灯光测试，确保画面的立体感和氛围。观看教学视频，学习基本的灯光布置技巧，提升画面的视觉效果。

（8）音频同步。

优秀（5 分）：继续保持使用专业软件校准音频同步，多练习音频同步技巧。可以尝试更复杂的音频同步技巧，如多轨音频同步、音频淡入淡出等，提升音频的流畅性。

良好（4 分）：使用专业软件校准音频同步，多练习音频同步技巧。可以多观看高质量的视频作品，学习音频同步技巧，提升画面的视觉效果。

中等（3 分）：检查音频同步软件的设置，确保音频与画面同步。后期处理时重点调整音频同步，确保音频与画面完美同步。观看教学视频，学习基本的音频同步技巧，提升画面的视觉效果。

待改进（0～2 分）：使用专业软件校准音频同步，多练习音频同步技巧。在拍摄前进行音频同步测试，确保音频与画面同步。观看教学视频，学习基本的音频同步技巧，提升画面的视觉效果。

附件3：全国大学生广告艺术大赛（视频类）赛事简介及参赛经验

全国大学生广告艺术大赛（简称大广赛）是一项备受关注的全国性高校学科竞赛，该赛事规模大、覆盖面广、作品水准高，具有较强的社会影响力，每年都会吸引来自全国高校广告专业的学生和爱好广告艺术的社会青年参加。自2005年第一届举办至今，全国共有1869所高校参与其中，超过百万名学生提交作品。参赛作品分为平面类、视频类、动画类、互动类、广播类、策划案类、文案类、UI类、营销创客类、公益类等十大类。其中，视频类作品包括影视广告、短视频、微电影等3种形式。

1. 视频类作品的具体要求

第一，关于作品。拍摄工具及制作软件不限；影视广告时长分为15秒或30秒两种规格，限横屏；微电影时长为30至180秒，限横屏；短视频时长为30秒以内（含30秒），限竖屏，视频宽高比9∶20至9∶16；不要倒计时，不可出现创作者相关信息。第二，关于作品提交。先网上提交，要求提交mp4格式的文件，影视广告、短视频文件的大小不超过30MB，微电影文件的大小不超过40MB；再线下提交，格式不限，要求提供高质量的电子文件。

2. 参赛流程

第一步，登录大广赛官网下载命题；第二步，作品创作；第三步，在作品提交平台注册，按流程正确填写信息并按要求上传作品，作品上传成功后，系统自动生成唯一对应的参赛编号、参赛报名表及承诺书；第四步，作者线上签字，获取参赛报名表、承诺书，作品提交过程中，所有参赛者须上传学生证截图；第五步，指导教师将作品文件及参赛报名表的电子版报送至学校，文件均以参赛编号命名；第六步，学校将《学校作品汇总表》盖章，连同作品电子文件，线下提交至赛区组委会；第七步，各赛区在系统中将评选出的参评作品信息提交至全国大广赛组委会。

3. 评奖办法

大广赛在全国各省设立赛区，采取一次参赛、三级评选的方式，即参赛作品经院校初评后，报赛区评选，获得赛区优秀奖以上的作品，由赛区统一报送总赛区参加全国总评审。全国总评审设一等奖、二等奖、三等奖、优秀奖和一个全场大奖，以及优秀指导教师奖、组织类奖项等。各赛区设一等奖、二等奖、三等奖和优秀奖，以及优秀指导教师奖、组织类奖项等。

4. 作者人数及指导教师人数要求

短视频类作者团队每组不超过3人，影视广告、微电影每组不超过5人。

根据笔者多年的备赛经验，创作大广赛影视广告类的参赛作品，需要大家扎扎实实地完成5个步骤的工作。

第一步，选择品牌。登录大广赛官方网站，认真阅读每一个命题品牌方的策略单，然后结合命题的难度、自身的兴趣和能力进行选择。在这个环节需要注意两个问题：一个是因为视频传递复杂信息的能力远不如文字，因此选择卖点比较具象的品牌有助于降低任务的难度，如“消除口腔异味”就比“一站式解决设计素材需求”更容易用视频来表现；另一个是在拍摄时如果需要产品出现在视频情节中，就需要购买产品，也就需要考虑经济承受能力，如果对某个品牌非常感兴趣，但产品单价超出了自己的承受能力，那就需要构思不需要产品出镜的创意，然后在视频的结尾以图片的形式呈现产品。

第二步，研读策略单。选定品牌方之后，需要认真地、反复地阅读策略单。在这个环节同样需要注意两个问题：一个是一定要将产品信息梳理得足够清楚，建议借助思维导图，将产品信息进行结构化的呈现，以建立清晰的逻辑框架，只有对产品的认识足够清晰，视频的结构才有可能清晰；另一个是务必核实确认该品牌方对广告形式的需求，因为视频赛道有3类作品形式（即影视广告、微电影、短视频），有的品牌方不接受短视频类作品，有的品牌方只接受微电影类作品，所以必须确定自己创作的作品类型符合品牌方对广告形式的要求。

第三步，确定诉求点。基于对产品信息的梳理，选择作品要传达的核心信息。例如，某旅行箱品牌方给定了 4 个卖点，分别是高颜值的糖果色箱体、边走边充的充电脚座、容量可增加 30％的拓展层设计、手把处贴心的手机支架设计。参赛者需要确定其作品是以并列关系先后呈现全部 4 个卖点，还是聚焦卖点中的一个。无论是多个卖点还是一个卖点，都需要确保作品能够明确、清晰地传递产品卖点信息，而且必须是品牌方在策略单中规定的卖点。

第四步，梳理结构。参赛者需要围绕诉求点策划视频的结构。广告这种纯商业目的的创作就像“戴着镣铐起舞”，在诉求任务的约束下，结构上创新的空间其实不大，有几种定式在创作中比较常用。例如，“场景导入＋痛点出现＋产品现身并解决痛点＋品牌信息强化”这种递进式的串联式结构；“卖点 1，卖点 2，卖点 3”，产品呈现和品牌输出这种分总式的并联式结构。参赛者可以活学活用，可以把并联的卖点换成串联的目标人群、使用场景、消费者痛点等。

第五步，植入亮点。参赛者可以有意识地对作品的某些方面加以强化，以便给评委留下深刻的印象。最有效的亮点往往来自创意本身，大广赛面对的人群是全体大学生，而非影视院系的准科班群体，因此更重视想法。亮点可能出现在作品的各个方面，建议大家多观看获奖作品，寻找启发和灵感。

主要参考文献

［1］沈娟，王坤. 我国职业教育“产教融合”政策执行进展、问题及对策研究［J］. 中国职业技术教育，2021（18）：55-64.

［2］周详，王小梅、刘植萌. 中国职业教育的研究进展与热点分析：2023年全国高校职业教育科研论文统计分析［J］. 中国高教研究，2024（07）：95-108.

［3］刘任熊，冯立元，苗睿岚，陈萌. 从独角戏到双主体：职业教育产教融合制度演进脉络［J］. 中国职业技术教育，2021（06）：33-43.

［4］谢笑珍. “产教融合”机理及其机制设计路径研究［J］. 高等工程教育研究，2019（05）：81-87.

［5］唐未兵，温辉，彭建平. “产教融合”理念下的协同育人机制建设［J］. 中国高等教育，2018（08）：14-16.

［6］吕路平，童国通. “双高计划”背景下高职院校产教融合质量评价体系研究［J］. 职业技术教育，2020（30）：31-36.

［7］李梦卿，陈竹萍. “双高计划”高职院校产教融合的实施维度与推进策略［J］. 现代教育管理，2022（01）：109-118.

［8］欧阳河，戴春桃. 产教融合的内涵、动因与推进策略［J］. 教育与职业，2019（07）：51-56.

［9］陈志杰. 职业教育产教融合的内涵、本质与实践路径［J］. 教育与职业，2018（05）：35-41.

［10］沈洁，徐守坤，谢雯. 我国高等教育产教融合政策的逻辑理路、实施困境与路径突破［J］. 高教探索，2021（07）：11-18.

[11] 吴宝明. 产教融合视野下高职院校“三教”改革 [J]. 教育与职业，2021 (06)：51-54.

[12] 李梦卿，刘博. 高职院校深化产教融合的价值诉求、现实困境与路径选择 [J]. 现代教育管理，2019 (03)：80-85.

[13] 万兵. 产教融合背景下高职校企合作的问题与路径 [J]. 教育与职业，2019 (15) 32-38.

[14] 庄西真. 产教融合的内在矛盾与解决策略 [J]. 中国高教研究，2018 (09)：81-86.

[15] 刘耀东. 产教融合过程中企业逻辑和学校逻辑的冲突与调适 [J]. 国家教育行政学院学报，2019 (10)：45-50.

[16] 沈绮云，欧阳河，欧阳育良. 产教融合目标达成度评价指标体系构建：基于德尔菲法和层次分析法的研究 [J]. 高教探索，2021 (12)：104-109.

[17] 李玉珠. 产教融合制度及影响因素分析 [J]. 职教论坛，2017 (13)：24-28.

[18] 郝天聪，石伟平. 从松散联结到实体嵌入：职业教育产教融合的困境及其突破 [J] 教育研究，2019 (07)：102-110.

[19] 袁靖宇. 高等教育：产教融合的历史观照与战略抉择 [J]. 中国高教研究，2018 (04)：55-57.

[20] 刘常兴，刘源. 高等职业教育产教融合发展及推进策略研究 [J]. 教育理论与实践，2021 (21)：20-23.

[21] 胡昌送，张俊平. 高职教育产教融合：本质、模式与路径——基于知识生产方式视角 [J]. 中国高教研究，2019 (04)：92-97.

[22] 秦凤梅，莫堃. 基于CIPP模型的职业教育产教融合质量评价研究 [J]. 西南大学学报 (社会科学版)，2022 (03)：194-203.

[23] 刘洪波. 基于产教融合的高职多元化创新创业人才培养模式重构 [J]. 教育与职业，2016 (13)：83-85.

[24] 张俊竹. 基于产教融合的应用型艺术设计人才培养模式研究 [J].

教育与职业，2015（28）：88-91.

［25］霍丽娟．基于知识生产新模式的产教融合创新生态系统构建研究［J］．国家教育行政学院学报，2019（10）：38-44.

［26］张庆民，顾玉萍．链接与协同：产教融合“四链”有机衔接的内在逻辑［J］．国家教育行政学院学报，2021（04）：48-56.

［27］池春阳．利益相关者视角下高职教育产教融合长效机制研究［J］．教育理论与实践，2021（33）：16-20.

［28］刘斌，邹吉权，刘晓梅．职业教育产教融合的逻辑起点与应然之态［J］．中国高教研究，2017（11）：106-110.

［29］罗汝珍．职业教育产教融合政策的制度学逻辑分析［J］．职业技术教育，2016（16）：8-13.

［30］姜泽许．职业教育产教融合质量评价体系的构建［J］．职教论坛，2018（05）：34-39.

［31］李政．职业教育的产教融合：障碍及其消解［J］．中国高教研究，2018（09）：87-92.

［32］韩雪，潘思羽，王蕴慧．“课岗对接”“课证融合”“赛课融通”教学模式在影视后期合成与制作课程中的实践［J］．林区教学，2024（07）：54-58.

［33］赵洁．基于项目制教学的影视传媒集群专业联合作业模式研究［J］．传播与版权，2024（19）：79-82.

［34］张琦，徐江．模块化教学视域下高职数字创意人才培养模式的创新探索与实践研究：以影视动画专业群模块化教学改革为例［J］．美术教育研究，2024（17）：146-148.

［35］马翠轩．新媒体语境下的高校影视教学改革探索［J］．河南教育（高教），2024（07）：78-80.

［36］刘宏．新媒体视域下影视传媒专业实践教学策略研究［J］．戏剧之家，2024（17）：165-167.